地头力 | 书系

| 入门篇 |

锻造地头力

用32个关键词激活思考

[日] 细谷功 著

周征文 译

人民东方出版传媒
People's Oriental Publishing & Media

东方出版社
The Oriental Press

图书在版编目（CIP）数据

锻造地头力：用 32 个关键词激活思考 /（日）细谷功 著；周征文 译 . — 北京：东方出版社，2023.2
ISBN 978-7-5207-3198-0

Ⅰ.①锻…　Ⅱ.①细…②周…　Ⅲ.①思维方法　Ⅳ.① B804

中国版本图书馆 CIP 数据核字（2022）第 228348 号

本书中文简体字版权由汉和国际（香港）有限公司代理
中文简体字版专有权属东方出版社
著作权合同登记号 图字：01-2021-1448号

锻造地头力：用 32 个关键词激活思考
（ DUANZAO DITOULI:YONG 32 GE GUANJIANCI JIHUO SIKAO ）

作　　者：[日] 细谷功
译　　者：周征文
责任编辑：钱慧春　冯　川
出　　版：东方出版社
发　　行：人民东方出版传媒有限公司
地　　址：北京市东城区朝阳门内大街 166 号
邮　　编：100010
印　　刷：北京文昌阁彩色印刷有限责任公司
版　　次：2023 年 2 月第 1 版
印　　次：2023 年 2 月第 1 次印刷
开　　本：787 毫米 ×1092 毫米　1/32
印　　张：7.875
字　　数：138 千字
书　　号：ISBN 978-7-5207-3198-0
定　　价：59.00 元
发行电话：（010）85924663　85924644　85924641

前言

AI（人工智能）的飞跃发展，不断大幅影响着我们的生活。在商业活动中，通过将大数据、IoT（物联网，Internet of Things）等数字技术与 AI 相结合，为人们开创了广阔的机遇。与此同时，以"固定化作业"为核心的传统工作内容，将来应该也会逐渐由 AI 来代劳。

在这种不得不重新审视人类知性能力的时代，关键要不拘于既有概念，自主能动地发现问题，思考解决对策，并付诸行动。然而日本的学校和公司一直以来所重视的能力，却恰恰与之背道而驰。

· 被动记忆既定知识

· 遵守既定时间和规则

· 与发挥个性相比，更重视团队协作，强调与他人合拍上述能力可谓日本在 20 世纪创造经济增长奇迹的要因。诸如汽车和电机产品等硬件，要保证完美的品质，上述能力是最为对口的优势。可一旦要求不拘于既有概念，发挥具有创造性和能动性的想象力，那么上述能力反而成了彻头彻尾的"负资产"。

最为典型的现象是，以泡沫破灭期为转折点，日本从"世界优等生"沦落为发达国家中最为扎眼的"经济停滞国"。

学校和企业一直以来所追求的传统意义上的"优等生"的资质和能力其实是 AI 最为擅长的领域，因此只要拜托 AI 即可。作为人，则应转型至"上游"，即致力于发现应该解决的问题和达成的目的。而本书，便是助各位读者习得这种能力的"敲门砖"。

所谓思维能力，即用自己的脑子思考，因此相关的指南和手册本身其实已经与该主旨相悖（看书学习如何用自己的脑子思考，等于没在用自己的脑子思考）。话虽如此，掌握与"如何用自己的脑子思考"相关的最基本知识，我觉得还是有必要的。

针对初学者，本书以与思维方法相关的一众基本关键词为核心，旨在让各位读者通过学习它们，为培养真正的思维能力打下入门的基础。

本书囊括的关键词共有 32 个，它们皆与思维有关，且本书对它们采用【WHAT】【WHY】【HOW】的解说方式。

·【WHAT】该关键词的基本定义及含义

·【WHY】该关键词之所以重要的理由

·【HOW】该关键词的具体运用方法

对于每个关键词，本书都会以这样的顺序予以解说。

此外，为了确认读者对各关键词的理解程度，在每个关键词的解说内容末尾，都会有【理解程度确认问题】和【应用问题】。只要看过解说内容，要正确作答并不难。如果一下子答不上来，再看一遍解说内容即可。

审视人的知性能力，这是我涉足了 10 多年的课题。围绕它，我既著书，亦开展研修活动。

其中，《锻炼你的地头力：费米推定应用法》是我的代表作。通过这些著作，针对何为人类知性能力的理想形态这一问题，我阐述了自己的见解。

而本书可谓在看我这些著作之前（或同时），我希望各位读者能够垂阅的"思维方法入门手册"。对于我在之前著作中频频提及的各个关键词，本书都进行了简洁易懂的说明。

"思考"和"习得"原本是两种截然不同的用脑方式。而本书旨在让读者习得足以"独立思考"的基本知识。从该意义层面上看，其与我之前那些旨在"启发读者思考"的著作（虽然本书引用了一些相关内容）有所不同。

既是思维方法入门，若各位读者能通过它习得相关基本知识，并激起锻炼"自主思维能力"的兴趣，则本书的目的便算是达到了。

2019 年 6 月

细谷功

目录

Chapter 3 _____

顾问的工具箱

要的不是"范儿",而是"注入灵魂"

Chapter 4 _____

AI(人工智能)vs 地头力

与 AI 相比,人类的知性能力具备无可替代的用武之地

Chapter 5 _____

一切始于"自知无知"

思考始于对"自己无知"的察觉

Chapter

1

掌握基本思维方法

一旦掌握基本思维方法，
便能广泛应用

首先要掌握基本思维方法。第1章会介绍思维方法基础，因此相关内容的应用范围极广。

第一个介绍的是"战略思维"，它是人们日常中经常提及的词，但其实博大精深。仅仅讲战略思维，就能轻松写出一本书。不过只要理解其基本含义，便能在各方面实现思维的"战略性应用"。

其次，在商业活动和日常生活的各个场景中，不可或缺的基本要素是"逻辑思维"。概括来说，它可谓人类交流的"共通语言"。

换言之，逻辑思维具有世界范围的普遍性和通用性，可谓强于英语的共通交流工具。

英语虽说是世界通用语言，至多也只是被一部分国家或一些国家的精英阶层使用。与之相对，逻辑思维可谓人类有意识或无意识中认同的"世界共通规则"，不仅如此，它还经得起时间考验。既有恒久性，又有通用性，其重要性可见一斑，因此不管怎样强调都不过分。

若上述逻辑思维属于"防守型"，之后介绍的若干种思维方法则属于"进攻型"。在通用性方面，它们或许不及逻辑思维，但与针对特定领域的专业知识相比，它们依然具备极高的通用性，能应用于诸多场景。

它们具体包括假设思维、框架思维、具体和抽象思维以及 Why 型思维，可谓思维中的基本动作。通过应用它们，各种思维方式的实践活动成为可能。

接下来讲的是类推思维，它能在思考新事业、新业务等创造类思维活动中发挥威力。其与具体和抽象思维相结合，通过似乎与创新大相径庭的"从远处借鉴"的方式，孕育出新的点子和创意。

如上所述，通过阅读本章，各位读者能够对基本思维方法有一个较为完整的认识。

01　战略思维

如何不排队就吃到人气拉面？

WHAT　战略与战术的区别

与"思考""思维"经常搭配的形容词是"战略性的"。

至于其具体含义，每个人的解释或许皆有不同，其亦不存在明确的定义，但其在人们脑中所激发的形象应该是有共通之处的。以"那家公司的规划是具备战略性"这句话为例。

· 不着眼于短期，而是着眼于长期

· 不着眼于局部，而是着眼于整体

· 不着眼于个体，而是着眼于统一

若把基于上述着眼点来思考公司发展的行为评价为"战

略性的"，几乎没人会有异议吧。

经常被拿来与"战略"一词作比较的是"战术"。将它们进行对比，便能发现战略的特征（图表 1-1）。

战略	战术
长期	短期
整体	局部
大方向	个别措施
大目标	小目标
抽象	具体
上游	下游
作战领域	作战方式
资源分配	资源是前提条件
如何避免战斗	如何赢得战斗

大 ⟵ 影响 ⟶ 小

大 ⟵ 难度 ⟶ 小

【图表 1-1】战略 vs 战术

如图所示，除了前述的"短期⇔长期""局部⇔整体"，还包括其他着眼点。

与战术（比如力求取得 3 战中的 1 战的胜利）这种个别的小目标不同，战略旨在达成综合性的"整体胜利"之类的大目标。

因此,"舍小保大"便属于战略性构想。比如在三局两胜、五局三胜的规则中,故意输掉特定的比赛,便是一种战略。

WHY 究竟有必要战斗吗?

那么,为什么有必要区分战术思维和战略思维呢?

因为前者是将一定的资源作为前提条件,并在该条件下着眼效率最大化的思维;而后者则关注本源,思考资源的分配问题。

上面提到了"本源"一词,而这正是战略思维的象征。换言之,通过质疑前提条件,关注计划的上游内容。

与之相对,重视已然具备一定前提条件的下游,则是战术思维。至于追溯本源的极端设问,则是"究竟有必要战斗吗"。

战术自然以战斗为前提,考虑的是如何更好地作战。而战略思维首先考虑的是如何发挥自身优势,使自身处于有利位置。

鉴于此,最为理想的战略是让对手丧失斗志,或者把对手拖到无法战斗的领域,从而实现不战而胜。

Chapter 1

掌握基本思维方法

二元对立思维

顾问的工具箱

AI（人工智能）vs 地头力

一切始于"自知无知"

HOW 思考"不排队的方法"便是战略思维

让我们回到该关键词开头的问题。面对总是排起长龙的人气拉面店，如果一定想吃到这家店的拉面，那该怎么做呢？

· 老老实实排队，为了排解排队时的无聊，用手机玩游戏或听歌。

这是最为脱离战略思维的做法（当然，这么做也没错）。

至于其他方法，以前述的各种着眼点为例，可归纳出以下几种。

· 早上或深夜去光顾。（着眼于时间段）

· 挑严冬或盛夏这种人们不愿意在门外排队的时期去光顾。（着眼于季节期间）

· 查找该店是否在其他地区有分店，如果有，则利用出差等机会去光顾人流较少的分店。（着眼于广域区间）

上述思维方式还算是较为"地道"的，若更进一步，则是思考"不排队的方法"。比如和店里的工作人员混熟，从而蹭到店里休息时段的"员工餐"；或者以"探店采访者"

的身份，获得店里的特别招待……这种"狡猾"的方法皆可行。从某种意义上来说，如果能让"认真踏实的人（即优秀的战术家）"惊呼"太狡猾了"，则证明战略非常成功。

此外，如果是革新者，在面对这种日常课题时，甚至会考虑自己创业。比如通过智能手机 App，找到"位于附近，正好有时间想赚点儿小钱的人"，委托其有偿排队。

一旦这样的模式形成，则不仅适用于拉面店，而是等于通过不多的付费，解决了"排队"这一涉及各行各业的社会问题。

更进一步，从企业家的战略观点出发，还能想到诸如"收购那家店""开新店，招厨师""开办拉面学校，培养拉面师傅"等选项。

如果再"高阶"一点，思考"（自己）为什么想吃那家店的拉面"，结果发现自己的根本目的是想要找写美食博客文章的素材，于是可以考虑去其他鲜为人知的好店。换言之，通过从根本性的目的入手，思考如何在不去那家店的情况下达到该目的，从而得出方案选项。

所谓战略思维，即追溯"本源"。

· 不执着于战胜竞争对手，而是着眼于不与对手展开竞争。

·不执着于在公司内部竞争中上位，而是着眼于选择有中意职位的公司。

上述都是"长期战""持久战"战略，难度自然很高，但效果也非常好，与一般对策完全不在一个数量级。

【理解程度确认问题】

下列描述中，哪一项是战略思维？哪一项是战术思维？

1. 长期与短期

2. 如何赢得战斗与如何避免战斗

3. 各方面都要取胜与达到整体目的

4. 具体与抽象

【应用问题】

用①战术思维"如何赢得战斗"和②战略思维"如何避免战斗"分别思考下列问题，得出相应解决对策。

1. 如何解决上下班通勤的不便和辛苦？

（比如，思考"如何更为方便舒适地上下班通勤"属于战术思维，在同样完成工作任务的前提下思考"不用上下班通勤的方法"属于战略思维）

2. 如何提高自家产品或服务的市场份额？

（从本源上看，市场份额本身便属于战术层次的构想，若要进行战略思维，则应思考如何跳出该构想）

3. 如何获得自己想要的工作？

4. 如何处理与自己性格不合之人的关系？

关键词

02 逻辑思维

是否让听者（观察者）都觉得有条有理？

WHAT 能说服大多数人的清楚条理

所谓逻辑思维，是指合乎条理的思考方式。

在商业活动中，常常要求发言人提出具有逻辑性的结论。在很多情况下，由于需要说服大多数人，因此合乎条理的措辞是不可或缺的。

让我们思考一下，在何种情况下更需要讲逻辑。请见图表 2-1。

如前所述，与个人相比，逻辑在集团和组织中的重要性更高。因为在各式人等中，逻辑等于是一种"通用语言"。面对商业活动的全球化趋势，作为世界通用语言的英语越发受人重视，但终归只有一部分人懂英语。而逻辑则不同，作为世界共通的交流工具，其必须被人们普遍理解。

鉴于此，尤其在高多样性且低语境（Low-context）（成员共有的经验较少，无法做到"默契配合"）的环境下，当集团或组织需要为了作出决策而达成共识时，逻辑便成了必备要素。

那么，要想拥有逻辑性，应该具备怎样的态度和素养呢？让我们将其与"非逻辑性"进行比较（图表2-2）。

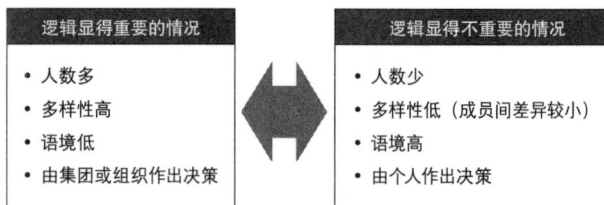

逻辑显得重要的情况	逻辑显得不重要的情况
• 人数多 • 多样性高 • 语境低 • 由集团或组织作出决策	• 人数少 • 多样性低（成员间差异较小） • 语境高 • 由个人作出决策

【图表2-1】逻辑显得重要的情况 vs 逻辑显得不重要的情况

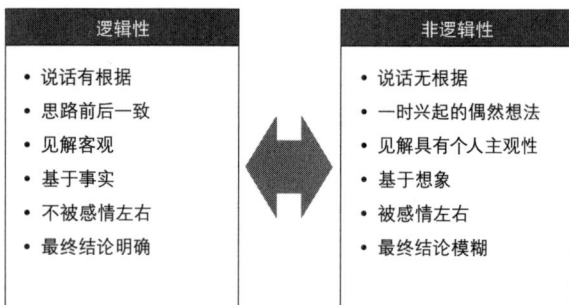

逻辑性	非逻辑性
• 说话有根据 • 思路前后一致 • 见解客观 • 基于事实 • 不被感情左右 • 最终结论明确	• 说话无根据 • 一时兴起的偶然想法 • 见解具有个人主观性 • 基于想象 • 被感情左右 • 最终结论模糊

【图表2-2】逻辑性 vs 非逻辑性

Chapter 1

掌握基本思维方法

二元对立思维

顾问的工具箱

AI（人工智能）vs 地头力

一切始于「自知无知」

"说话有根据""思路前后一致""见解客观""基于事实""不被感情左右""最终结论明确"。在思考事物时具备上述态度和素养，便等于做到了逻辑思维的基础。

WHY "非逻辑性"能被广泛接受的情况是少数

说得极端一点，如果在无人岛上独自生活，那么思考的逻辑性其实并不重要。因为不存在说服别人或向他人解释的需要。

但人们的日常工作和生活却并非如此，尤其在撰写报告或演示方案时，为了说服大多数人，逻辑性无疑变得非常重要。而与"逻辑性"截然相反的，便是基于直观或感情来导出结论的做法。

基于直观和感情的结论之所以属于"非逻辑性"，是因为它们都有较大的个体差异，缺乏客观性。不仅如此，它们还缺乏前后一致性，经常会在短时间内频繁变化，甚至"昨日、今日、明日皆不同"。

与其相比，逻辑既有优势，也有劣势。优势在于"谁都能理解接受"的客观性，劣势在于太过"枯燥无味"。在心理要素占较大比重的商业活动中，这一劣势较为扎眼。

而在现实的商业活动中，有不少决策的确也基于直观和感情。尤其是独断专行的公司领导或具有个人魅力的企业负责人，这种倾向较为明显。

这种做法有时之所以行得通，是因为其拥有与"逻辑性"所不同的说服力。对于一个人提出的结论，如果周围的人都认为"既然他（她）这么说了，那只好接受"，则该结论等于也具备了普遍性，虽然其缺乏逻辑性，但也被广泛接受了。

商业活动毕竟与科学研究不同，并不存在森罗万象的事物都遵从的某种绝对法则。

当然，诸如"销售额提升理论"之类的方法论的确也存在，但打破这种方法论，以"反骨做法"取得成功的商业案例亦不少见。

比如在"卖场中的商品陈列法""目标顾客群定位"等方面，就经常出现打破业内常识的"反骨之举"。

HOW 正确的前提和推论不可或缺

至此，让我们重新思考逻辑思维所追求的要素。如图表2-3所示，逻辑性结论必须具备正确的前提和推论。

前提是指普遍性法则、具体事实或数据，即相当于用于作出判断的材料。与之具有同样重要性的，则是能将材料合理"拼接"的推论。

关于二者的具体运用方法，会在"演绎与归纳"的项目

中详述。总之，要想得出拥有逻辑性的结论，就需要合理的
前提和推论作为支撑的"根据"。

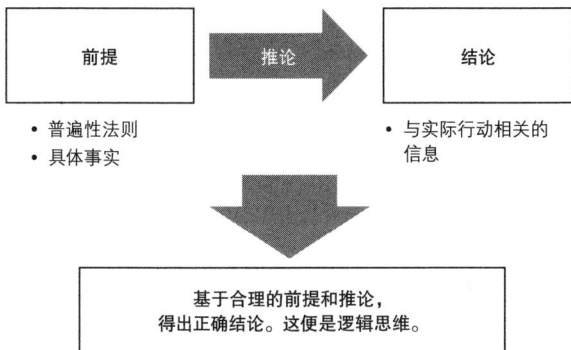

【图表 2-3】逻辑是从前提推导出结论的手段

前提
• 普遍性法则
• 具体事实

推论

结论
• 与实际行动相关的信息

基于合理的前提和推论，
得出正确结论。这便是逻辑思维。

至此，让我们思考一下"获得合理根据"的要素。请参
照图表 2-4。

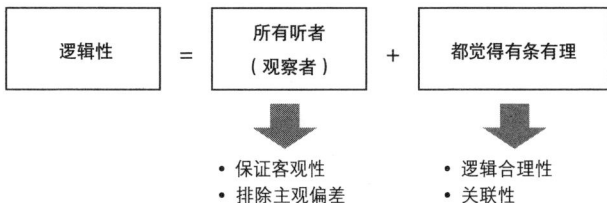

逻辑性 = 所有听者（观察者）+ 都觉得有条有理

• 保证客观性
• 排除主观偏差

• 逻辑合理性
• 关联性

【图表 2-4】何为"逻辑性"？

所谓逻辑性的要素，可归纳为"所有听者（观察者）"和"都觉得有条有理"。

第 1 个要素保证了客观性，因此必须排除个人的主观偏差。第 2 个要素保证了每项前提或数据之间的前后一致性和关联性。

总而言之，逻辑看似稀松平常，但其实不可小视。关键要在充分理解它的基础上，在商业活动中灵活运用。

【理解程度确认问题】

在日常生活和商业活动中可能出现的下列陈述，它们是否拥有逻辑性？原因为何？请把"①所有听者（观察者），②都觉得有条有理"这两大要素作为评判依据，思考下列陈述是否符合这两点。

1. 因为傍晚台风接近，所以晚饭吃咖喱。

2. 我自己就是靠这样成功的，所以下属不成功是没道理的。

3. 因为遵照了社长定的规矩，所以肯定没错。

4. 2 月份的销售额连续 5 年都在下降，所以要放弃投放电视广告，改投网络广告。

关键词

03 假设思维

项目要从"最终报告"开始思考

WHAT 从结论开始思考

所谓假设思维，是指在时间有限、信息缺乏的情况下，为了达成目标或解决问题，姑且先设好答案（假设），然后逐步推进的思维方式。

后面会详述的"地头力"的基本要素从结论出发、从整体出发、单纯化思考。而假设思维（能力）便是从结论出发的思维方式，因此它也是构成地头力的基本要素之一。诸如逆转矢量、逆向思维，也都属于假设思维的范畴。

具体来说，就是不从"开始"，而从"结束"开始思考；不从能做到什么，而从应该做什么开始思考；不先考虑自己，而先考虑对方。

比如，当被派去负责某个与整理归纳调查结果相关的临时项目时，首先不去想"明天该做什么"，而是思考"最终报告"，包括最终"是谁审核报告""应该通过报告传达何种信息"……

在这种情况下，哪怕牺牲完成度，也要重视速度，力图立即基于现有信息（不管信息量多么有限）得出临时答案（即便精度极低）。这便是假设思维。

WHY 不确定性越高越适宜

在时间或信息不充分的情况下，能够到达"最终目的地"的最为高效的方法，便是这种假设思维法。假设思维可谓思维方式中的基本，也是"工作推进法"这一哲学本身。

可见，假设思维的定义并不复杂，但在实际商业活动中，要想实践它，却意外地难。

先用"反证法"说明，即让我们先来看一下那些"没有利用假设思维"的具体例子。

· 上司叫下属写报告，下属的第一反应是"请让我先把信息都收集好"（缺乏假设的信息收集）

· 上司叫下属汇报工作进度情况，下属说"请再给我一点时间"，结果汇报迟迟出不来（想"一步到位"的思维模式）

·以"姑且先去考察一下"的理由出差考察，结果除了行程报告之外，没有任何收获（事先没有假设考察时应该做什么）

上述都属于假设思维不到位的例子。

假设思维	非假设思维
• 从结论开始思考 • 效率主义 • 重视速度 • 凭借有限的时间和信息，得出最好的答案	• 最后阶段得出结论 • 完美主义 • 重视精度 • 预留充足时间，收集完整信息

【图表 3-1】假设思维 vs 非假设思维

关于对假设思维和非假设思维的比较，如图表 3-1 所示。可见，假设思维可谓重视速度的效率主义。

力图立即基于现有信息得出临时答案的假设思维，乍一看似乎简单，但其实实践起来很难。其原因在于，若不能充分理解该思维方式的基本所在，那么实践运用便会浮于表面。

首先要理解假设思维适用的情况，这种情况可以归纳为"高不确定性"。具体包括开展新事业、新业务等"立新"之时，或者改变既有做法或模式等。

与之相对，假设思维不太适用于"过去延长线"之类的固定模式，即所谓的"低不确定性"领域（图表 3-2）。

高不确定性的情况	低不确定性的情况
• 无正确答案 • "概率论"的世界 • 不尝试就不知道 • 失败也是过程的一部分	• 有正确答案 • "决定论"的世界 • 可通过数据和逻辑进行事先验证 • 失败必有其原因

【图表 3-2】高不确定性的情况 vs 低不确定性的情况

如今可谓 VUCA(Volatility 易变性 /Uncertainty 不确定性 /Complexity 复杂性 /Ambiguity 模糊性) 的时代。正是在这种高不确定性的情况下，假设思维的重要性越发凸显。

以产品开发为例，在开发新概念产品时，通常会先打造试制品，并通过反复修改和重制试制品来推进开发项目。而假设则可谓思考范畴的试制品。

鉴于此，评判假设好坏的标准与评判试制品好坏的标准类似。对于试制品，比起完成度的高低，更重要的是反映整体和发现不懂的问题。若做到这两点，即便完成度较低亦无妨。

换言之，不要追求"一步到位"，而应尽快呈现大致的整体形象、整体构图。这正是假设思维的主旨所在。

HOW 舍弃完美主义是实践的第一步

完美主义可谓实践假设思维时最大的障碍。当然，在"有正确答案"或"追求100分满分"的场景中（比如筛查决算数据中的错误或修正软件程序中的bug等），完美主义发挥的作用无可比拟。

与之相对，在较为灵活机动的可探讨场景中，比如在白纸上作画或者完成大致的素描形象，并与他人共享时，完美主义便会成为障碍。

在培训或研修活动中，擅于求解"有正确答案"的问题之人，往往是完美主义者。可当面对"概率论"支配的世界时，对于"不尝试就不知道"的情况，完美主义者所追求的"高分""合格"变成了缺乏行动力的本源，进而抑制"姑且先尝试"的意欲。

◎ "驴唇不对马嘴"

正如前述，假设思维与完美主义不仅在思想上截然不同，在推进工作的流程方面也有根本不同。可在现实中，由于对这点理解不到位而导致的"驴唇不对马嘴"的情况时有发生。

比如"设计思维"，它是与假设思维中的"概率论"密切相关的思维方式。以试制品为例，设计思维力求在初期阶段先大致反映将来完成品的整体形象和构造，之后再反复修正。可倘若在该阶段导入"决定论"，力求"一步到位"，便是"驴唇不对马嘴"的典型。

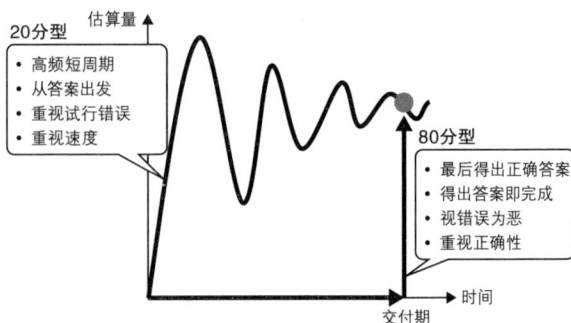

【图表3-3】两种工作模式

此外，从系统开发的方法论层面来说，之前主流的是瀑布式开发，即在完全确定开发样式和规格的基础上着手开发工作。而如今，敏捷式开发日渐流行，即反复试制原型，不断改良其精度的开发流程。

面对这种大趋势，倘若依旧保持之前的意识，比如一味力求"高精度"，则很难及时打造出所需的试制原型；又比

Chapter 1

掌握基本思维方法

二元对立思维

顾问的工具箱

AI（人工智能）vs 地头力

一切始于"自知无知"

如在修正完成的试制原型时执着于"细致入微"，则很难赶上进度……这些都属于"驴唇不对马嘴"。

图表 3-3 展示了在面对拥有明确截止期，且必须制定计划或估算作业量的项目时，两种不同的工作推进方式。如图所示，逆 L 型的粗线是"80 分型"，即通过不断思考，最后得出结论而提交结果的方式。与之相对，"20 分型"首先力求在短时间内得出大致答案，然后以"高频短周期"的方式，不断进行调整，从而提升精度。

这种"20 分型"的假设思维，从根本上改变了传统的工作模式（图表 3-4）。看似不高的 20 分，通过积累和提升，最终能较为迅速地收获 60 分甚至 80 分的成绩。

20分型的假设思维改变了传统的工作模式

20分型	80分型
• 首先把握大致的整体形象和结构	• 关注各局部细节，切实推进
• 可以多次修正和改良	• 只有"最终答案"
• 粗放型资料	• 精细型资料
• 答案是为了"发现和提出问题"	• 答案即答案
• 专注"未知"	• 专注"已知"

【图表 3-4】20 分型 vs 80 分型

近年来，随着营商环境的不确定性逐渐增加和各行各业的激荡变化，基于假设思维的构想和工作模式显得日益重要。可倘若依然拘泥于正确答案、完美主义这种原先的统筹型理念，那么即便试图引入假设思维，也必然阻碍重重。

鉴于此，首先应该回归本源，充分理解上述"思维的前提条件"，并与周围人共享，才能大幅促进假设思维的运用效果。

【理解程度确认问题】

下述（A）和（B），哪项是基于假设思维的思考方式或行动模式。

1.（A）尽快大致完成资料收集

（B）花费大量时间，收集整理出完美的资料

2.（A）先收集信息，再思考下一步行动

（B）基于所知范围，姑且先试着得出结论

3.（A）基于定型化作业模式

（B）基于非定型化作业模式

4.（A）从起点出发，按顺序积累和推进

（B）从终点出发，逆向推算

5.（A）反复试制，逐步提升完成度

（B）一步到位做出最终完成品

关键词

04　框架思维

优劣并存的框架

WHAT　矫正思维偏差的框架

所谓框架思维，即客观思维中的"模型"。对于个体自身生成的偏差性思维（思维癖性），其能够予以矫正（图表4-1）。

诸如五力分析[①]、3C[②]、4P[③]、SWOT分析[④]等，都是框架思维的代表性理论。

---

①　五力分析模型是一种对竞争战略的分析法。五力分别是供应商的议价能力、购买者的议价能力、潜在竞争者入场的能力、替代品的替代能力、业内竞争者目前的竞争能力。——译者注

②　3C战略理论认为成功的战略有3个关键因素，它们是公司自身（Corporation）、公司顾客（Customer）和竞争对手（Competitor）。——译者注

③　4P营销理论可归结为4个基本策略的组合，它们是产品（Product）、价格（Price）、促销（Promotion）和渠道（Place）。——译者注

④　SWOT分别代表strengths（优势）、weaknesses（劣势）、opportunities（机遇）、threats（威胁）。即通过对被分析对象的优势、劣势、机会和威胁等加以综合评估与分析，从而得出结论。——译者注

若要强化思考力，则框架思维不可或缺。本书多次强调，人类是主观臆断和固有成见的集合体，且随着知识和经验的积累，这样的固化和定式思维会变得越发顽固。而最大的问题在于，本人常常无法察觉，因此往往难以处理和改善。

一旦形成这种思维定式，则思维便会趋于单一，于是只会一味沿袭过去的做法，拒绝新思想、新构思、新点子。而打破这种思想固化的有力手段便是"模型"，即框架思维。

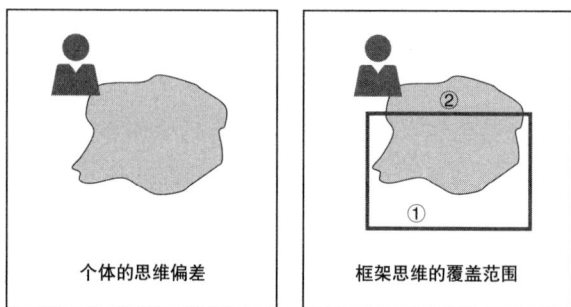

| 个体的思维偏差 | 框架思维的覆盖范围 |

【图表4-1】通过框架思维，矫正思维癖性

听到"模型"一词，不少人或许会产生"照搬模型"等较为负面的印象。这点在后面会解释，但"模型"一词也的确反映了框架思维的优劣两面。

WHY 有助于确认基础及提取点子

对有一定知识储备和经验的人而言，框架思维是跳出单一思维定式的有效手段。这就如老牌运动员在陷入状态低迷期时，"返璞归真"地审视自身基础动作一般。

正如前述，凭借框架思维，能让习惯于根据自身定式思维看问题的人发现新角度、新观点。不仅如此，对于缺乏某个领域相关知识和经验的"新手"而言，也能凭借框架思维，提取出一定的点子。这都是框架思维的优势。

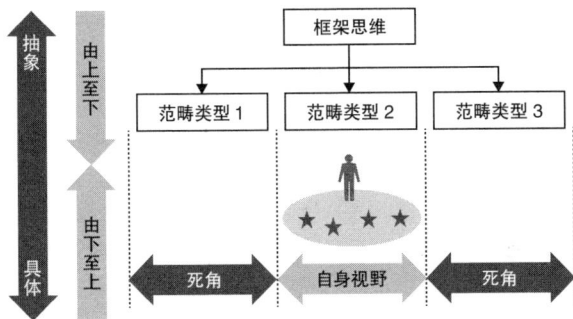

【图表4-2】通过"由上至下"的方式来拓展视野

换言之，不管对"新手"还是"老手"，框架思维皆能发挥相应作用。

那么问题来了，框架思维为何能够发现自身盲点呢？

归纳来说，因为框架思维能从不同的抽象角度出发，以由上至下的方式客观审视自身。请见图表4-2。

在框架思维的构成要素（在3C战略理论中，其为公司顾客或公司自身等）中，具体现象和项目以"范畴类型"的方式，被抽象分类。

与只着眼于具体个体那种"由下至上"的思维方式不同，框架思维基于"由上至下"的视角，从而使发现自身盲点和思维死角成为可能。

HOW 不可搞错用途

在进行某方面的构思时，我们通常故意不依靠上述框架思维，而是以"自由畅想"的方式，将浮现的点子逐条罗列。

像所谓的"头脑风暴"，基本上（至少在起始阶段）也是采用这种"想到哪里算哪里"的风格。

为了让各位读者更为形象地理解框架思维，此处将"框架思维"与"自由畅想"进行对比（图表4-3）。

大致来说，框架思维的优势在于，通过矫正思维癖性，能够①发现自身的思维盲点，②建立与他人对话的共识基础。

通过框架思维，发现自身的思维癖性

框架思维	自由畅想
• 在"轮廓图"上列举	• 单纯罗列
• 帮助发现思维癖性	• 难以发现思维癖性
• 发现目前缺什么	• 仅知道目前有什么
• 易于与他人分享	• 难以与他人分享

【图表 4-3】框架思维 vs 自由畅想

接下来思考框架思维的劣势。不可否认，框架思维终究是一种"思维的框架"。因此，其有"抹杀个体独特创意（图表 4-1 的②部分）"之虞。这也是一些人主张"框架思维无用论"的原因所在。从某种意义层面来说，这样的论调也并非毫无道理。鉴于此，框架思维的"用途"就显得格外重要。

为了克服框架思维的上述劣势，先要像图表 4-1 的左边那样，先不考虑框架思维，以自由畅想的方式提取点子；然后再通过框架思维，"扫描"自身的思维死角，从而发现盲点。这种方法既能"挽救"图表 4-1 的②部分，也能发现死角，获得图表 4-1 的①部分。

【理解程度确认问题】

下列描述中，哪一项是框架思维的优势？

1. 获得他人不曾想到的崭新创意

2. 发现因主观视角或思维偏差而忽视的部分

【应用问题】

请试着在脑中浮现自己所在的公司或者自己感兴趣的行业内的某种产品或服务。

1. 针对"如何提升该产品或服务的销售额"这一课题，首先不考虑框架思维，而是以自由畅想的方式，罗列自己所想到的对策和点子（第1阶段）。

2. 接下来基于4P营销理论，围绕产品（Product）、价格（Price）、促销（Promotion）和渠道（Place）进行思考，得出更多点子。进而对各个点子采取如下设问。

设问1：将各个点子与图表4-1进行对照，思考哪些可归入①的范畴（通过使用4P营销理论这一框架思维而追加的点子），哪些可归入②的范畴（无法归入4P营销理论的个性化点子），并分别列出。

设问2：在审视设问1的答案的基础上，试着思考并列举上述两种方式（基于直观的头脑风暴和基于框架思维的点子提取）各自的长处和短处。

关键词

05 具体与抽象

所谓思维，即"具体→抽象→具体"的往复运动

WHAT "犬类"这个单词（概念），便是抽象化归纳的结果

何谓思维？这既是本书的大主题，也是本书各副主题的论述对象。说到底，思维可被分为两大块，一块是使具体现象抽象化、概念化，另一块是使抽象化的概念具体化。

以框架思维为例，其各个点子属于"具体"，其点子归属的各个分类属于"抽象"。而在本书要阐述的第 6 个关键词"为什么"的相关内容中亦会提到，各种手段属于"具体"，而各种手段力图达成的目标则属于"抽象"。换言之，"具体→抽象→具体"的"往复运动"，便是思维的原点。

先来看一下具体与抽象之间的差异（图表 5-1）。

具体	抽象
• 直接可视	• 直接不可视
• 与"实体"直接相连	• 与"实体"背离
• 对应具体个体	• 对应分类归纳
• 解释的自由度较低	• 解释的自由度较高
• 难以应用	• 易于应用
• 是"实践家"的世界	• 是"学者"的世界

【图表 5-1】具体 vs 抽象

首先，具体是有形的、可视的；而抽象是无形的、不可视的。因此，前者与实体直接相连，而后者不与实体直接相连。

其次，将多个具体个体进行归纳的行为便是"抽象化"。

而人类特有的语言和数字，便是"归纳多个个体，总结为一个概念"的产物，即"抽象化"的产物。比如"犬类"这个单词（概念），便是对各种狗的抽象化。

通过这样的抽象化，不管是主人 A 养的腊肠犬，还是主人 B 养的金毛猎犬，因为都符合人类归纳出的犬类特征，因此皆可被抽象化为"犬类"。

此外，看到主人 A 养的腊肠犬和主人 B 养的金毛猎犬在一起，从而得出"2 条（狗）"的数字，这也是抽象化的产物。

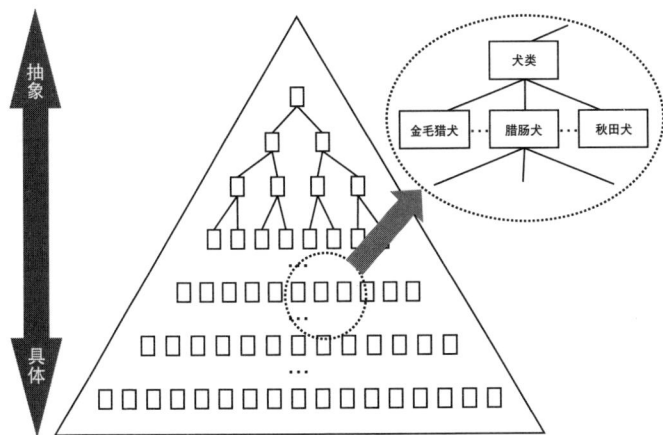

【图表 5-2】具体与抽象的结构图

  具体由于基于个体，因此缺乏应用性。而通过抽象化，便实现了应用功能（图表 5-2）。

  但要注意的是，要想真正实现应用，还需要将抽象概念再次具体化。比如主人 C 养了一只斗牛梗狗，想把"调教犬类"的相关知识应用在它身上，这便是从抽象到具体的过程。

WHY　具体与抽象的往复，促成了知识的进化

上述内容是抽象化与具体化最为简单的形态。而纵观人类求知史可知，人类知识体系的形成，靠的正是这种具体与抽象的往复。

人类运用头脑的思考行为，几乎都是某种形式的"具体与抽象"的往复运动。换言之，"具体化"和"抽象化"可谓人类思考行为的根本所在。

具体与抽象的往复使得知识进化。这便是"具体化"和"抽象化"之所以重要的原因。

比如各种理论，它们皆是抽象化概念的代表。尤其是对自然界具体现象（例如星体及地球上各种物体的运动原理等）背后的法则探究。纵观人类史，许多学者都曾在该领域潜心钻研。

通过这种将大量具体现象一般化、抽象化的行为，最终收获的是理论和法则。而所谓理论和法则，即人人皆可使用的"通用型工具"。

许多人抱有"具体＝简单易懂""抽象＝晦涩难懂"的固有印象。换言之，他们认为抽象是艰深的、脱离实际的，是具有负面色彩的。但由上述内容可知，所谓"具体＝善""抽象＝恶"的看法其实大错特错。

Chapter 1

掌握基本思维方法

二元对立思维

顾问的工具箱

AI（人工智能）vs 地头力

一切始于"自知无知"

HOW 具体现象→理论·法则→具体现象

如图表 5-3 所示，通过具体与抽象的往复，人类的认知领域得以不断拓展。

从流程上来说，即先将拥有共通特征的各具体现象以理论或法则的形式抽象化，然后再将该理论或法则应用于具体现象。

将森罗万象的自然现象予以理论化，然后应用推导出的法则，创造出各种工程学等领域的发明。这便是上述流程的典型例子。

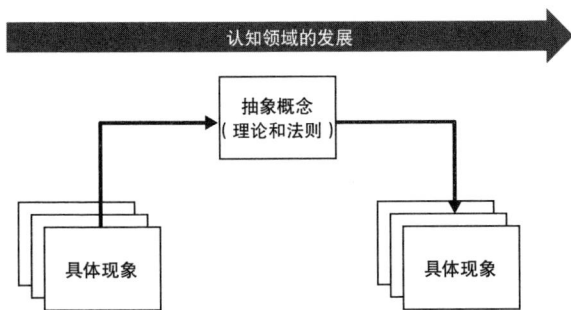

认知领域的发展

抽象概念
（理论和法则）

具体现象

具体现象

【图表 5-3】通过具体与抽象的往复，人类的认知领域得以进化

而语言的"语法"也起着相同的作用。

在商业活动中，通过将类似的成功案例进行一般化归纳，从而得出"成功模式"或"商业模式"，从而生成新商

机。这也是"具体→抽象"的典型。

而人们常说的"理论实践",则是"抽象→具体"的典型。

从教材和学校学到的东西并无法原封不动地发挥作用,因为它们多为高度抽象的概念化、普遍化知识。

比如把 MBA 课程中习得的框架思维应用于实际商业活动,或者把商业模式落实为具体的商品或服务。这都需要"抽象→具体"的过程。

此外,这种属于微观层面、由个体发起的"具体与抽象"的不断往复,最终会在宏观层面提升全人类的认知水平(图表 5-4)。

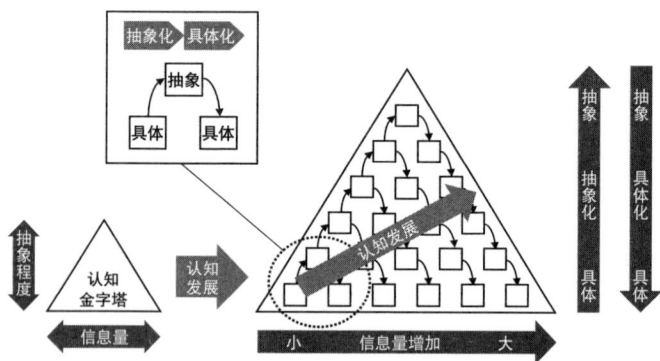

【图表 5-4】认知发展图示

Chapter 1

掌握基本思维方法

二元对立思维

顾问的工具箱

AI（人工智能）vs 地头力

一切始于「自知无知」

图表 5-4 左侧的小金字塔在横向（信息量）和纵向（抽象程度）两个方向扩展，而这种无数个体的小金字塔的组合，使得人类的整体认知水平持续获得飞跃性提升。

【理解程度确认问题】

在下述各场景中，抽象化语言和具体化语言哪个更为合适？

1. 表扬他人时（具体 or 抽象）

2. 不想负责时（具体 or 抽象）

3. 想减少误解时（具体 or 抽象）

4. 赋予对方解释的自由度时（具体 or 抽象）

5. 委托对方的工作属于对方不熟悉的领域时（具体 or 抽象）

6. 委托对方的工作属于对方熟悉的领域时（具体 or 抽象）

06 为什么

为什么只有"Why"特殊?

`WHAT` 从根本上思考"为什么"

有个疑问词与思考不可分割,它就是"为什么"。

它们是如此紧密相关,甚至可以说"思考即在问'为什么'""问'为什么'即思考"。下面就让我们来探究一下这是"为什么"。

不停问"为什么"的思考方式被称为"Why 型思维"。与之相对,对于上司或客户的命令不假思索执行(即陷入"思考停止"状态)的方式则被称为"What 型思维"。

让我们先考察"为什么"与其他疑问词的区别。在英语中,有缩写为"5W"的 5 个重要疑问词,Why 是其中之一,其他还有何处(Where)、谁(Who)、何时(When)以及什么(What)。

【图表 6-1】为什么只有 Why 特殊?

让我们思考一下 Why 的特殊性(此处将 Why 以外的 4 个疑问词称为"4W")。它们的比较结果如图表 6-1 所示。

WHY 唯有 Why "以线相关联"

首先,二者的根本区别在于"4W"是"点",而唯有 Why 是"线"。这里的"线"是指将不同事物相互联系的作用。比如,我们日常在问"为什么"时,往往是为了询问理由、原因或目的。这其实等于是把"原因与结果""目的与手段"相互关联了起来。

与之相对,"4W"问题的答案即地点、时间、人物等,也就是名词、单词属性的信息。换言之,"4W"问题问的是

"点"。而"为什么"的答案则与"因为……"这样的连词配套。

在前面讲逻辑思维时，提到了逻辑具备"合乎条理"的特性。所谓"合乎条理"，即建立了一种合理的联系。而此处等于是以另一种形式体现了"思维＝联系"的本质。

纵观制造业，在探明故障等问题的原因时，一直强调"反复问为什么"。而这"反复"便是"为什么"的特征之一。而上述"4W"与 Why"点线之差"的原因，其实亦在此。

所谓联系，即从一个事物到另一个事物的展开。与之相对，"点止于点"，没有进一步的展开空间，因此"无法反复（亦无必要反复）"，这便是"4W"的特征。

此外，本书多处对"知识世界"和"思维世界"进行了比较，而二者的差别，在"4W"和 Why 中亦有体现。"4W"是询问知识的问题，而 Why 是为了激发思维的关键词。对知识而言，重要的是答案；而对思维而言，重要的是提问，且 Why 便是其集中体现。

再看前面的图表 6-1，与"4W"相关的提问，体现了提问者知识的缺乏，属于"令人羞愧的愚者之问"。与之相对，问"为什么"则拥有激发思维的意义。

Chapter 1

掌握基本思维方法

二元对立思维

顾问的工具箱

AI（人工智能）vs 地头力

一切始于『自知无知』

HOW “4W”问的是知识，Why 寻的是本质

1.A 公司的社长是谁？（“4W”型问题）

回答：B。

上述只是单纯询问“知抑或不知”的知识问题。假如公司知名度高，那么知道公司社长是谁的人也越多。假如员工问“我们公司的社长是谁”，那么正可谓愚蠢的、缺乏常识的问题。

再看一个问题。

2.A 公司的社长“为什么”是 B？（Why 型问题）

对于该问题，答案可能多种多样，比如“因为是 B 创立了 A 公司”“因为 B 在○○业务方面为 A 公司提升了业绩”“因为 B 受到（A 公司背后真正的老板）××的厚爱”“因为 B 在 A 公司内一步步升迁，最终爬到了社长的位置”……

上述回答或许依然未能跳出“知识”的范畴，但关键在“更进一步”的提问。

“为什么（上述答案）是 B 成为 A 公司社长？”若思考到这一步，便能对 A 公司的企业环境、氛围和其今后的发展有所认识。

一家企业在不同时期（初创期、成长期和成熟期）时，

重视的价值观也会在不知不觉中变化。而"任命社长的基准"便是其集中体现。

在初创期，启动公司或开拓业务的人会受到极高评价；在成长期，确保企业大量且高效地生产和销售（已然拥有一定市场份额和竞争力的产品）的人会受到极高评价；而当企业步入成熟期后，能够有效利用和运作既有资源（人·物·资金）的人会受到极高评价。

鉴于此，在上述"初创期"中，企业创立者或新业务开拓者往往会成为社长；在上述"成长期"中，提升企业技术和销售业绩的人往往会成为社长；而在上述"成熟期"中，历任人事、财务、策划等部门，拥有综合管理经验的人往往会成为社长。

如上述例题所示，思考"为什么"并非单纯地追求知识，而是基于相关背景、理由、目的等"直接不可见之物"，从而洞察到诸多信息。

因此，与"问'4W'会暴露自己缺乏知识"截然不同，问"为什么"正可谓回归探寻事物本质的思维原点。

【理解程度确认问题】

下列描述中，与"为什么"的特征不符的是哪项？

Chapter 1

掌握基本思维方法

二元对立思维

顾问的工具箱

AI（人工智能）vs 地头力

一切始于「自知无知」

1. 体现关联性

2. 可用于过去，也可用于未来

3. 可以用名词做出完整回答

4. 以发现本质课题为目的

【应用问题】

1. 以自己所在的公司（或者自己较为熟悉的其他企业或组织）为对象，思考"为什么"其现在的社长能坐上社长之位。进而再进一步思考"那个人成为社长的理由"。

2. 日本人被认为是守时意识极强的民族，思考一下这是为什么（是因为与其他国家相比，在日本需要守时的场景和情况更多吗？若是如此，那么在哪些场景和情况下，守时显得格外重要呢？）。

07 类推思维

创意要"从远处借鉴"

WHAT 类推与抄袭的区别

创造性的根本在于"借鉴后组合"。

只要仔细观察就会发现，那些看似崭新的创意，其实也是既有创意的重新组合而已。

关键是如何利用那些既有创意，其核心在于类推思维。

以商业活动为例，即参考其他行业或商业领域之外的创意和动向，思考是否能将它们应用于自身所处行业或自家产品、服务之中。这便是类推思维。

说到借鉴创意，有人可能会联想到"完全照搬某个创意"的所谓抄袭行为。那么问题来了，类推思维与这种抄袭行为有何不同呢？

其关键区别在于"是否从远处借鉴"。所谓"远处"，

Chapter 1

掌握基本思维方法

二元对立思维

顾问的工具箱

AI（人工智能）vs 地头力

一切始于"自知无知"

即借鉴对象与借鉴所得的创意拥有抽象度较高的共通点，而这种共通点并不容易被发现。

类推	抄袭
从远处借鉴	从近处借鉴
不可视	可视
基于根本(本质)	浮于表面
关联性·结构性层级	属性层级
较难发现	显而易见
抽象	具体

为了"从远处借鉴"，需要对对象
进行"结构化""抽象化"处理。

【图表 7-1】共通点的层级

"类推"与"抄袭"在共通点层级方面的区别如图表7-1所示。

如果是从相同行业或显而易见的类似商品中进行借鉴，则无法诞生崭新的创意。不仅如此，自己搞不好还会成为侵害设计权、专利权甚至是商标权案的被告对象。

所谓抽象度较高的共通点，往往是归纳出的特征，比如商品或服务的销售方式等。具体例子如下：

·把握顾客需求的方式（"以少数但切实存在的目标人群为对象"等）

·流通渠道的关联性（排除中间商等）

·产品的特征（"打怀旧牌"等）

比如靠"网上书店"起家的亚马逊（Amazon），如今不仅卖书，还卖鞋子和衣服等，甚至涉足超越以往传统函售和网购"常识"的各类商品。换言之，其利用之前网上卖书的机制，售卖各式各样的东西，可谓"无所不卖"。

若基于"高抽象度层级"便能发现，亚马逊在售的琳琅满目、各不相同的商品，都遵循着共通的"销售方式"——极力排除中间商；利用顾客的购物历史，针对每名顾客不断推送商品推荐信息……

WHY 类推思维是能否发现机会的分水岭

在数字化不断推进的当今世界，上述超越行业、商品和服务的类推思维会得到进一步的应用和发展。这是因为与现实世界相比，数字世界更容易生成高抽象度的商业模式。

比如优步（Uber），不要表面化地单纯认为它只是一种网约车服务，而要将其看作一种"针对个体，按需匹配"的商业模式。同理，对于爱彼迎（Airbnb），不要表面化地单纯认为它只是一种民宿服务，而要将其看作一种"共享低运转率资产"的商业模式。由此便可联想出无数的应用场景。如果只把优步单纯视为"出租车的替代物"，便与20年前把亚马逊单纯视为"开在网上的一家书店"无有二致。

又如近年来大火的比特币（Bitcoin），如果只将其视为一种"加密数字货币"，则等于忽视和抹杀了其背后的"区块链"和"分布式账本"技术的无限前景。由此可见，能否将一个具体案例抽象化，并通过类推思维，思考其在其他领域的应用可能性，是能否在当今世界发现商机的重要分水岭。

HOW 逻辑思维是"守"，类推思维是"攻"

思维有"守"和"攻"之分。

如果说"守"的代表是基于数据和事实的逻辑思维，那么"攻"的代表便是类推思维。

在获得具有创造性的崭新创意方面，类推思维可谓有效的手段。

需要注意的是，虽然同为思维，但二者截然不同。

"守"和"攻"的性质区别如图表7-2所示。

所谓"守"，即"做理所当然的事"（无论好坏，其结果终归缺乏个性）。与之相对，作为"攻"的类推思维旨在推导出具有创造性的大胆假设。

围绕类推思维，下面出一道思考题。

"鸡翅"和"螃蟹"的共通点是什么？乍一看，二者是风马牛不相及的食物，但如果通过归纳总结，能否发现它们在高层级的共通特征呢？

此处，让我们着眼于"吃起来麻烦且容易弄脏手"的共通点。具体来说，不管是鸡翅还是螃蟹，如果用筷子吃，一些部位的肉就很难吃干净，最后不得不直接拿手抓。这不仅麻烦，而且容易弄脏手，因此怕麻烦或者有洁癖的人可能会对它们"敬而远之"。若基于这点，那么这两种外形和味道都截然不同的食物，便有了"相似之处"。

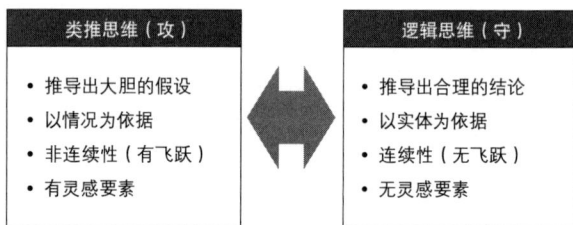

类推思维（攻）	逻辑思维（守）
• 推导出大胆的假设	• 推导出合理的结论
• 以情况为依据	• 以实体为依据
• 非连续性（有飞跃）	• 连续性（无飞跃）
• 有灵感要素	• 无灵感要素

【图表 7-2】类推思维 vs 逻辑思维

那么，找到这样的共通点又有何益处呢？

Chapter 1

掌握基本思维方法

二元对立思维

顾问的工具箱

AI（人工智能）vs 地头力

一切始于「自知无知」

首先，对于不吃鸡翅的人和因相同理由不吃螃蟹的人，我们能够推导出"这两种人群的关联性"假设。不仅如此，对于这两种东西都不吃的人，我们能够推测出（他们之中）可能有相当一部分也不吃"未去骨的烤鱼"和"馅料层层叠加的汉堡包"等食物。

在大数据时代，上述"关联性假设"在预测顾客行为模式方面很有可能发挥重大作用。比如，从居酒屋的鸡翅或烤鱼的消费数据中，或许能够确定夏威夷风味餐厅举办的汉堡打折优惠活动的目标顾客群。

如果将上述信息进一步抽象化，便能得出上述人群"怕麻烦、爱便利"的顾客画像，进而把他们与"会立即接受去现金化社会的人群"联系起来。

如今是灵活运用数据的时代，因此从事数据分析的"数据科学家"日益成为炙手可热的人才，但若只是单纯的数值计算，电脑（+AI）无疑更具优势。鉴于此，人类亟须具备的，便是上述"假设能力"。

【理解程度确认问题】

下列描述中的（A）和（B），哪一项属于类推思维性质的思考方式或行动模式？

1.（A）收集同行业其他公司的信息

　（B）把兴趣拓展至其他行业或娱乐领域

2.（A）凭借数据和逻辑，导出正确答案

　（B）推导出多个"或许适用"的假设

3.（A）着眼于不可视的共通点

　（B）着眼于可视的共通点

4.（A）照样模仿具体现象

　（B）将现象抽象化，然后"应用于远处"

【应用问题】

　　近年来，在副驾座位后部安装广告显示屏的出租车急剧增加。这一做法的思维依据如下：

　　·乘客在无所事事（甚至来不及玩手机）的超短乘坐时间内

　　·如果眼前有一个显示屏在播放广告则广告投放效果会比较好。

　　与之类似的做法还包括在"拥挤线路"的电车内随处可见的悬挂海报（从车厢天花板挂下来的广告海报），等等。

　　请试着思考一下，在我们的生活中，是否还有其他满足上述两个条件的地点？

关键词 01　战略思维

　　"究竟有必要战斗吗？"想吃到门口老是排起长队的人气拉面店的拉面，思考"如何不排队就能吃到"便是战略思维。

关键词 02　逻辑思维

　　"让听者（观察者）觉得有条有理"的思维方式。这样的逻辑思维是在说服大多数人时所必需的"通用语言"。

关键词 03　假设思维

　　即"从结论开始思考"。它是在时间有限、信息缺乏的情况下，为了达成目标或解决问题而采取的最为高效的"思考范畴的试制品（＝假设）"。

关键词 04　框架思维

　　它如同矫正思维偏差的模型。虽然有助于提取点子，但也要注意其正确的用途。

关键词 05　具体与抽象

　　思维的原点即"具体→抽象→具体"的往复运动。"语言"和"数字"皆是抽象化的产物，即源于人类的基本思考行为。

关键词 06　"为什么？"

　　在"5W"中，除 Why 以外的"4W"问的都是知识点，唯有 Why 问的是"以线关联"的目的与手段等。

关键词 07　类推思维

　　其主旨在于"从远处借鉴"。比如参考其他行业或商业领域之外的创意和动向，思考是否能将它们应用于自身所处行业或自家产品、服务之中。

二元对立思维

留意分辨"观点"与"思维轴线"

本书第 1 章阐述了基本思维方法，在接下来的第 2 章中，会在"实践这些思维方法和其他思考模式"的前提下，围绕"应该重视的各种基本观点"进行解说。

"观点"是人们在商业活动和日常生活中经常使用的词汇；但若认真思考，则会发现，要将它解释清楚并不容易。

为了阐明"观点"这一主题，本书以"二元对立"作为切入手段——简单来说，即为了定义"是〇〇"这种状态，故意将其与"非〇〇"的相反状态进行比较。

"二元对立"这个词常常被人误解，其给人留下的"否定""负面"的片面印象总是挥之不去。比如在选举、辩论等场合，当政治家不得不对一个单纯的事物或现象作出"白还是黑"之类的回答时，往往会反驳道："我们不能把这个社会简单地一分为二。"这便是对二元对立的批判性论调，而本章会对这样的误解予以澄清。

基于此，以"二元对立观点"为中心思想，本章会论及"因果与关联""演绎与归纳""发散与聚合"等概念。

不管是在商业活动还是日常生活中，若想发挥思考力，那么这些概念皆是亟须铭记于心的要素。通过以二元对立的思维理解这些"是〇〇"与"非〇〇"形式的概念，并做到明确分辨、活学活用，便能大幅提升自身思考流程的效率。

此外，为了进一步阐述第 1 章中论及的逻辑思维中的"逻辑"，本章会通过"逻辑与直观"和"逻辑与感情"这两对范畴，来进一步加深各位读者对逻辑的理解。

其次，在辨别如何合理使用"独立思考力"方面，有一个重要的观点是"上游与下游"。这在本章中也会予以说明。

除了对上述各种观点所做的解说外，针对另一个同样"被人广泛使用却难以定义"的概念——思维轴线，本章亦会基于二元对立的形式，对其进行考察。

本章或许是本书中内容最为抽象、最难理解的一章。即便一下子无法理解，各位读者也不必在意，一直看下去即可。等看完第 3 章乃至之后的内容后，大可再回过头来重看这第 2 章。

正如本书第 1 章所述，思考行为本身便是一种"上下抽象阶梯"的过程。

再进一步来说，该过程本身并非一马平川、黑白分明。因此，如果各位读者心生疑惑，或者感到模糊迷乱，则恰恰是在实践思考力的明证。

08 二元对立

二者选一是数字化，二元对立是模拟化

WHAT 不仅是"非黑即白"

说到二元对立，其实本书在解释说明时屡次用到的"比较表"亦是一种二元对立的实际运用，其与思考力紧密相关。而本章将会解说的"因果与关联""演绎与归纳""发散与聚合""逻辑与直观""逻辑与感情""上游与下游"这些概念范畴，皆为与思考力密切相关的二元对立典型。

关于"二元对立"，辞典中的解释如下：

"在逻辑学中，两个概念处于相互矛盾或对立的关系，或者将某个概念如此一分为二的做法。"

上述完整解释可谓"广义"的二元对立。而在本书中，会将其细分，即把上述定义中所提及的"对立概念"界定为"狭义"的二元对立；而把上述定义的后半部分（将某个概

念一分为二）界定为"二者选一"或"二分法"。

人们平时讨论二元对立时，往往将上述二者混同，致使原本应该作为思考活动中必要因素的二元对立常常被否定化、负面化。

人们说到二元对立，常常将其与"二者选一"或"二分法"相混淆。而人们较为熟悉的"不是赞成就是反对""非A即B""非黑即白"等说法，其实都属于"二者选一"或"二分法"，即把事物明确地一分为二。

如果仅仅以这种二分法来看待世间万物万象，便过于武断，自然会遭到诸如"不能把持有不同政见的人单纯地分为保守派和自由派""不能把顾客单纯地分为网民和非网民"等反驳。倘若把这些反驳视为对二元对立本身的批判，则大错特错了。

"二元对立"与"二者选一"的区别，如图表8-1这张"二元对立图"所示。

可见，"二元对立"是并不泾渭分明的连续渐变，属于抽象层级的概念。

人们之所以容易将"二者选一"误认为"二元对立"，是因为在考察万物万象时"只基于具体层级"。

【图表 8-1】"二元对立" vs "二者选一"

　　反之，擅于抽象化思维的人，便能分清"二元对立"与"二者选一"的区别，因为前者与抽象化紧密相关。换言之，如果说二者选一的思维方式属于"非黑即白"的"数字化思维"，那么二元对立便属于"模拟化思维"。

　　比如，通过定义"西和东"这种方向上的两极，便生成了一个判断事物的坐标轴。于是，各种事物都能在该坐标轴上找到自己的位置。对于该做法，想必没有人会反驳"这个世界不是非东即西的"吧。

　　需要注意的是，虽然上述内容将"二元对立"与"二者选一"作为"格格不入"的两个极端进行论述，但从本质上来说，"二者选一"其实是"二元对立"的一种衍生物。这点会在后面详述。

WHY 以抽象化为目的的"最最基本"的思考方式

那么，在思考活动中，为什么说二元对立非常重要呢？

这是因为思考活动的"最最基本"的要素是"抽象化"；而在抽象化中，二元对立又是不可或缺的概念。

我们在脑中对事物进行"抽象化处理"时，下意识中经历了怎样的思维过程呢？在此，我们将考察这一问题。以"定义词汇"过程中的抽象化处理为例——

比如，人们通过水这个词来认识水这种物质时，其实是在下意识地思考水的性质。

其思考过程具体包括：

· 它是液体

· 它无色

· 它的温度范围为 0 至 100 摄氏度

· 它是透明的

· 它无味

· 它不黏稠

· ……

此外，除了上述水的性质外，人们同时还在下意识地思考与水相反的定义，即"水不是什么"。

换言之，定义词汇的基本在于"定义对象是什么"以及"定义对象不是什么"。这样的"正反集合"才使得完整的定义得以成立。倘若仅进行诸如"是否无色""是否无味"等单项比较，则并无意义。

由此可见，乍一看似乎是"凭感觉"定义的词，若仔细考察，便会发现其为"二元对立化定义的集合"。

不仅如此，对于本项【WHAT】部分中阐释的"二者选一"与"二元对立"的区别，其实不必将前者视为"数字化思维"，也不必将两者割裂，而大可将两者统一看待——两者只是存在变量数量方面的差异：前者是"单个变量（是或否）的体现"，后者是"多个变量（是或否）的集合"。所以才说，"二者选一"其实是"二元对立"的一种衍生物。

如上所述，在抽象化中，二元对立的思维方式可谓"基本中的基本"（人类定义词汇的过程便是其典型），因此也是分解思考力后能得出的"最最基本"的思考方式。

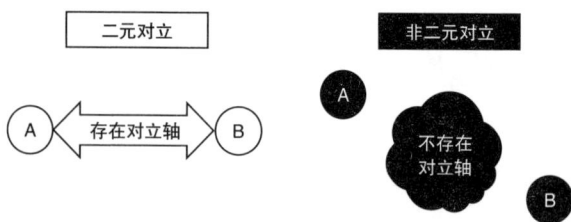

【图表 8-2】最为简单的"是或否"轴

HOW 与 "MECE" 或思维轴线相结合

二元对立的思维方式与后面会讲到的第 16 个关键词 "MECE" 关系密切。换言之，在思考二元对立时，应将其与 "MECE" 相结合。而这种做法，势必是今后的一大趋势。

比如，在以 "A 还是 B" 这样的二元对立方式思考问题时，正如图表 8-2 所示，需要 "对立轴"。

最为简单的对立轴是 "A 有○○，而 B 没有○○" 这样的 "是或否" 轴线。

不知各位读者有没有察觉到，本章旨在解释的问题之一（二元对立是什么？二元对立不是什么？），其定义自身便是典型的二元对立。

倘若把它定义为 "解释说明令人信服的是二元对立" "两个词层次不一就不是二元对立"，各位读者会有何感受呢？

是不是觉得一头雾水、莫名其妙？这是因为上述解释本身并非二元对立，因此定义中产生了遗漏和重复。

而在我们日常工作和生活中，不少人在说明两个事物或现象的差异时，或者在解释某个事物或现象 "是什么" 以及 "不是什么" 时，常常在 "二元对立" 方面没有到位，从而导致解释说明的内容存在遗漏和重复，最终造成听者的疑惑和迷茫。而本书的第 16 个关键词 "MECE" 中所介绍的分类

（＝抽象化）思维，其实也是为了避免出现这种情况而设立的方法论。

若能养成在日常生活中发现和考察二元对立的习惯，便能锻炼自身对二元对立的敏感度。同时，不要满足于对各种定义的"找碴评判"，而应该思考"如果是自己，会如何定义（该事物或现象）"。

通过这样的锻炼，就能够逐渐学会以"简单明了"的方式定义事物或现象，对写文件报告和讲解演示也有极大的帮助。

【 理解程度确认问题 】

下列描述是对"产品和商品的区别之处"的定义，请选出不属于二元对立的项目（可多选，若读者对下述定义抱有异议，此处对此不予讨论）。

1. 站在卖家角度看就是"产品"，站在买家角度看就是"商品"。

2. "产品"只限于有形的实物，而"商品"还包括无形的服务。

3. 工厂员工使用"产品"一词，而流通业的从业人员使用"商品"一词。

关键词

09 因果与关联

下雨时伞就卖得好，但伞卖得好的时候并不意味着一定会下雨

WHAT 因果是"A → B"，关联是"A ←→ B"

因果关系也好，关联关系也好，它们似乎并非我们日常生活中频繁出现的词，但其实我们在描述身边的事物和现象时，时不时会用到它们。

所谓因果，既指原因与结果，也指这样的因果关系。

所谓关联，是指两种现象密切相关的状态。

至于因果关系和关联关系之间的关系，则如图表 9-1 所示。

总之，有因果必有关联，但有关联未必有因果。

在搞清这个基本关系的基础上，让我们来归纳因果与

关联的区别（如图表 9-2）。其标志性区别是"顺序依存性"——因果有它，关联则没有它。具体来说，在"A 和 B 拥有关联性"的情况下，既可以是"A → B"，也可以是"B → A"，甚至还可以是 A 和 B 同时的变化。比如企业的销售额与利润之间的关联关系便是如此。

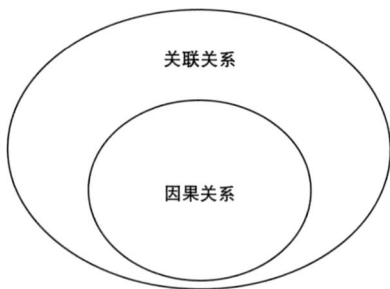

关联关系

因果关系

【图表 9-1】因果关系和关联关系之间的关系

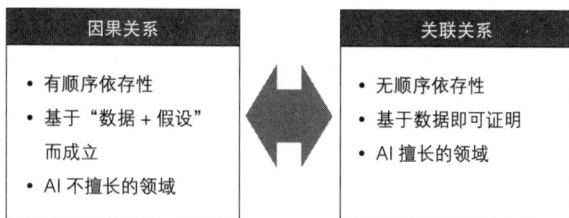

因果关系	关联关系
• 有顺序依存性 • 基于"数据＋假设"而成立 • AI 不擅长的领域	• 无顺序依存性 • 基于数据即可证明 • AI 擅长的领域

【图表 9-2】因果关系 vs 关联关系

而在因果关系的"A → B"中，必须是"先有 A，后有

B"，反之则不成立。

又比如"突然下雨"和"塑料雨伞销售额增加"这样的关联关系的确成立；但若因为其他促销手段等而导致"塑料雨伞销售额增加"时，并不意味着一定下雨。这个道理显而易见。

从另一个角度来说，许多客观事实的确存在关联关系，但不少因果关系都源于人为的主观解读。换言之，倘若不加注意，因果关系恐有沦为人们恣意解释的工具之虞。

WHY 因果有"预判"的功效

然而，在日常生活和工作中，人们常常将"关联"与"因果"相混淆。

比如，企业的员工满意度和利润率属于关联关系，而并非"员工满意度高的企业的利润率势必也高"这样的因果关系。不仅如此，或许正因为企业的利润率高，才能给员工发更高的工资、提供更好的福利保障制度，所以员工满意度才会高，这种反向的因果关系才是成立的。

同理，在考察企业销售额时，对于研发费用的比率和利润之间的关系，也有由于误读而导致"失之毫厘谬以千里"的风险，比如轻率地得出"越是在研发方面砸钱，利润就会越高"之类的结论等。

此外，还要注意互为因果的情况，这种类似"鸡和鸡蛋"的关系亦不少见。

可见，分辨"因果关系"和"关联关系"十分重要。因为一旦发现了因果关系，就能在商业活动等场景中实现"预判"；反之，若只是发现了关联关系，则无法为下一步对策提供直接的参考和依据。

HOW 靠 AI 找出关联关系，靠人类找出因果关系

在如今 AI 技术大幅进步的时代，思考因果关系与关联关系就显得越发重要。这是因为 AI 凭借海量数据，能够找出各种现象之间的关联关系。换言之，与人类相比，AI 在该领域具有压倒性优势。比如近年来发展显著的"网购推荐功能"便是其典型：

"买了商品 X 的人中，有○○ % 也买了商品 Y"。发现这种作为"事实"的关联性，是电脑的看家本领。比如，人类根本无法想象的两种"相差十万八千里"的商品之间的销售关联性，依靠电脑和 AI，便能轻易发现，从而找出出乎意料的潜在需求。

而在电脑和 AI 还未如此发达时，由于依靠人力的关联性分析存在时间和资源的限制，因此无法实现"兼容并包"形式的随机组合。为此，只得先设定某种因果关系的假设，

然后再以验证为目的，进行分析作业。

而在当今 AI 时代，（以高效利用分析资源为目的）设定假设的必要性已日渐淡薄。反之，当下的潮流是以 AI 算出的关联关系为依据，在此基础上进行假设，从而导出某种因果关系。

举个例子，AI 通过计算，发现"学生用双肩书包和机票的销售情况，会在某个地区和某个时期内存在关联性"。

乍一看是风马牛不相及的两种商品，却有上述关联性。基于此，人们便能进行假设，从而得出这样的故事情景——"给新入学的孙子孙女买了学生用双肩书包的爷爷奶奶（或外公外婆）辈儿的人，为了庆祝孩子入学，特意买了机票赶往东京"。

一旦找出了这样的因果关系，便能抓住该顾客群的潜在需求，从而推荐其他商品，比如"如今小学一年级学生中流行的玩具"，等等。

当然，上述因果关系只是一种假设，但通过各种实际对策，是能在一定程度上验证其是否属实的。

总之，得益于 AI"大数据关联性分析"的强大功能，这种利用数据来开展"假设验证循环"的思维方式产生了重大变革，而人类在此过程中所发挥的作用亦发生了巨大变化。

【理解程度确认问题】

1. 下列各项体现的是"关联"的特征，还是"因果"的特征？

·具有顺序依存性

·光靠数据便能简单验证

·目前来看，与 AI 相比，还是人类更擅长发现它

2. 下列描述中，哪个属于"有关联关系但无直接因果关系"？

·下起了天气预报未能预测到的骤雨，塑料雨伞热销

·没有智能手机的人中，不少是老花眼

·幼年时期在海外度过的人，英语往往很好

关键词

10　演绎与归纳

究竟是"如此规定"，还是"多数如此"

WHAT　展开逻辑的两种经典方法——演绎与归纳

所谓演绎，即从普遍前提出发，旨在得出个别结论的逻辑推论方法（图表 10–1）。

而所谓归纳，即从各种个别事例出发，旨在导出普遍法则的逻辑推论方法（图表 10–2）。

换言之，前者是基于"因为有如此规定"的推论，后者是基于"因为多数如此"的推论。

至于二者都具有的逻辑，正如本书对"逻辑思维"的阐述内容中所提及的那样，它包含"①所有听者（观察者）；②都觉得有条有理"这两大要素。

而在展开逻辑推理时，为了"让所有听者（观察者）都觉得有条有理"，两种典型且经典的方法便是演绎与归纳。

在逻辑严密的数学世界，基于既有公理，以演绎方式推导出其他法则（定理）的方式便被称为"演绎推导"。与之相对，基于经验法则或庞大数据，旨在推导出某种规则（或猜想）的方式便被称为"归纳推导"。

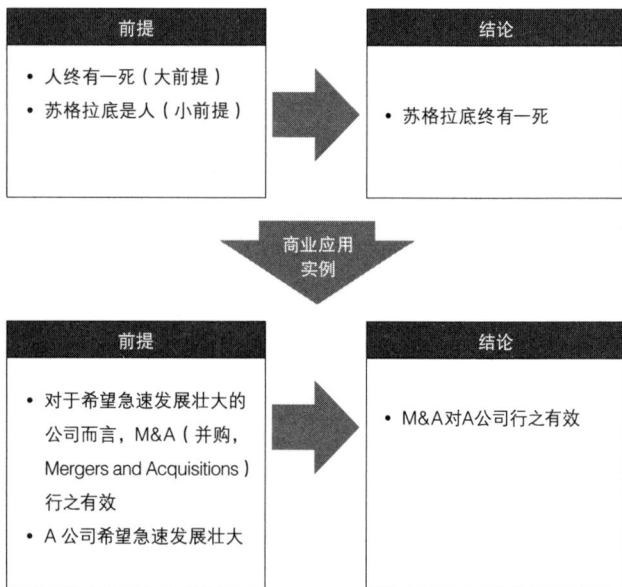

前提	结论
• 人终有一死（大前提） • 苏格拉底是人（小前提）	• 苏格拉底终有一死

商业应用实例

前提	结论
• 对于希望急速发展壮大的公司而言，M&A（并购，Mergers and Acquisitions）行之有效 • A公司希望急速发展壮大	• M&A对A公司行之有效

【图表 10-1】演绎推论实例

前提	结论
• X行业的A公司薪水高 • X行业的B公司薪水高 • X行业的C公司薪水高 • ……	• X行业薪水高（普遍规则）
个别观察对象	**普遍规则**

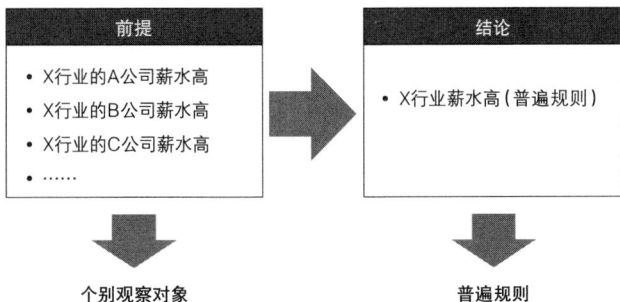

【图表 10-2】归纳推论实例

演绎与归纳的比较如图表 10-3 所示：

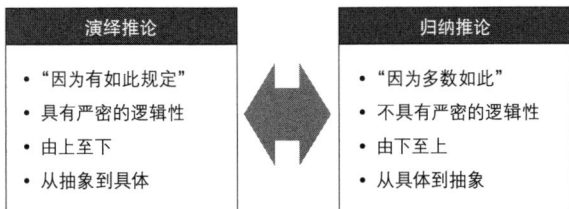

演绎推论	归纳推论
• "因为有如此规定" • 具有严密的逻辑性 • 由上至下 • 从抽象到具体	• "因为多数如此" • 不具有严密的逻辑性 • 由下至上 • 从具体到抽象

【图表 10-3】演绎推论 vs 归纳推论

WHY 在他人眼中，常常"无条无理"

所谓"非逻辑"，即自认为有条有理的阐述，在别人眼中却并非如此。要想学会如何理清逻辑条理，就要先审视那些在商业活动场景中常常听到的"非逻辑性语言"。

在他人眼中属于"无条无理"的话语实例如下：

·"我自己就是靠这样成功的，所以下属这样做不成功是没道理的。"

·"因为遵照了社长定的规矩，所以肯定没错。"

先看第一条，问题出在哪里呢？

这句话的核心理论是"因为我成功了，所以别人这样做也肯定能成功"。

它为何缺乏说服力呢？

答案很简单——认为自己一人的成功样本能"放之四海而皆准"，在别人看来，这自然"太不靠谱了"。倘若这样的理论成立，则从"乌鸦是黑的"便可推导出"所有鸟都是黑的"了。

再看第二条，乍一看似乎是想借助某种权威来作为结论的依据，但"社长"这样的权威的说服力，并不足以囊括所有听者（观察者）。

要如何克服上述课题，才能在展开逻辑推理时"让所有听者（观察者）都觉得有条有理"呢？

演绎和归纳这两种逻辑推论方法的意义便在于此。

HOW 通过"演绎"和"归纳"来强化说服力

首先，在演绎推论中，一般以公认正确的法则作为推论依据。例如，科学界对于各种法则公理的运用，就属于典型的演绎推论。

比如牛顿的运动方程式 F=ma（力是质量与加速度的乘积），其适用于地球上的所有物体（在宏观世界层级）。而以它为依据的理论，便属于完全符合逻辑的推论。

从该角度再来审视前面"无条无理"实例的第 2 条，就会发现，"社长"所说的话并非得到证明或获得普遍认同的法则，而只是个体的决断或主张。若以此为依据来推导结论，自然很有问题。

换言之，即便遵循了某种规定，但若该规定是特定人物恣意决定的，则不能"让所有听者（观察者）都觉得有条有理"。

与归纳推论不同，在演绎推论中，只要其前提是"真正正确的规则或法则"，则推导出的结论也必然正确。在商业领域中，各种法则有时属于"业内常识"，它们或许没有科学世界中的定理法则那么严谨，但也能实现"近乎演绎"的推论。

再看归纳推论，还是以前面"无条无理"实例为对象，第 1 条的样本仅为 1 人，因此毫无逻辑可言，但如果能举出"100 人都这样成功了"的事实，则说服力就相当强了。

但要注意的是，不管有多少成功案例，其依然难以在逻辑方面实现完美地归纳推论。比如，就算100人这么做都成功了，也难以保证第101人就不会失败。哪怕成功案例的数量再多，其成功概率能够无限拔高，但仍然到不了100%这个"绝对点"。

由此可见，归纳推论只可被认为"近乎逻辑"的推论方法。

追求高度严谨性的学术世界另当别论，但在信奉实用主义、追求速度和效率的商业领域中，这种归纳推论一直在被频繁使用。

近年来，得益于ICT（Information and Communication Technology，信息通信技术）发展而掀起的数据运用大潮，统计的重要性日益增加，而统计基本上就是归纳推论的世界。比如"从数据中发现倾向"，正可谓归纳推论的典型。而其中存在着的少数"例外值"现象，亦是归纳推论的典型产物。

总之，演绎推论和归纳推论是人类平常一直在使用的推论方法，而通过重新审视它们，能起到"考察自身平日工作中逻辑性"的作用。

换言之，试着重新思考各种结论的推导过程，也是一种逻辑思维方面的锻炼。

【理解程度确认问题】

下列描述中，哪些属于演绎的思维方式，哪些属于归纳的思维方式？

1. 自开业以来，连续 10 年，每年 8 月份的销售额都是当年内最低的，今年应该也不会例外。

2. 按照产品生命周期理论，该产品差不多要进入"产品同质期"了。

3. 让我们按照"业内理论"来思考如何削减生产成本。

4. 从年度销售额数据中提取出"顾客年龄层与消费额"的关联性，进而思考促销对策。

11 发散与聚合

不可陷入"沦于妥协"的思考停止状态

WHAT 发散出点子 聚合来归纳

发散和聚合原本是数学用语，但它们在被一般大众提及时，前者往往指"生成信息或点子"，后者往往指"归纳信息或点子"。

为了解决客户、上司或组织抱有的各种问题，生成各种点子，然后将这些点子按照优先级排序，从而制定计划，最终实行。在这样的流程中，留意并重视"发散"和"聚合"是关键环节。

不仅如此，在实际情况中，"发散→聚合"并非一次而止，而是会反复循环。比如，在思索与商品或服务相关的点子时，首先往往会开展属于发散流程的"头脑风暴"：

· 在男性、女性、商务人士、家庭主妇、年轻人、高龄者中，哪些是目标人群？

- 目标人群在哪些方面感到不便？
- 他们对既有商品或服务的哪些方面感到不满？
- 怎样的商品或服务会让他们欣喜？
- 怎样的商品或服务会给他们带来慰藉？

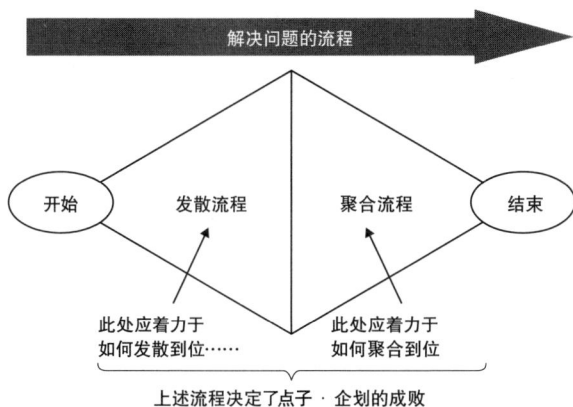

【图表 11-1】

此时不太需要思考制约条件或在意点子之间的先后关系，只要着重于"求量"即可。

对于在发散过程中所得的"点子集合"，接下来要按优先度排序，从而制定实际采用的计划。

在该过程中，需要基于逻辑和数据，以有据可依的重要性、收益性等指标为准绳，进行筛选（＝聚合），最终留下一个（或极少数几个）方案，然后付诸实践。

此外，在探寻某个问题或状况的原因时，首先也要进行发散思维，即放宽眼界，提取出各种可能的原因。

从顾客（客户）投诉、产品故障、服务不到位，到严重事故、疾病（或身体不适）……问题或状况的原因各式各样，有时问题背后的真正原因往往出人意料。

为了扫除盲点，必须充分"发散"，对于各个原因假设一一进行评估，最终筛选出可能性最高的原因。这样的流程十分关键。

WHY 发散与聚合的成败，决定了"结论成果"的品质

如前面的图表 11-1 所示，在发散与聚合的循环中，关键在于"前半部分如何发散到位""后半部分如何聚合到位"，而这两部分的成败，直接决定了整个"结论成果"的品质。

发散与聚合的流程为何重要？为了弄清这点，让我们使用"反证法"，即审视"倘若该流程不顺畅，则结果会如何"（图表 11-2）。

先看前半部分（发散）不到位时的情况。如图表 11-2 的上部所示，由于未能充分摸索广泛的可能性，导致得出的

结论"沦于妥协"。

如果在发散阶段墨守成规、沿袭先例，便会导致这样的结果。

当然，在趋于重复的"定型化作业"中，或者在变化较小的环境下，上述做法既能节省时间，也较易达成一致的结论，这可谓其优势所在。但另一方面，这样的"单一化"会导致结论成果严重僵化，即陷入典型的思考停止状态，这是其最大的劣势所在。

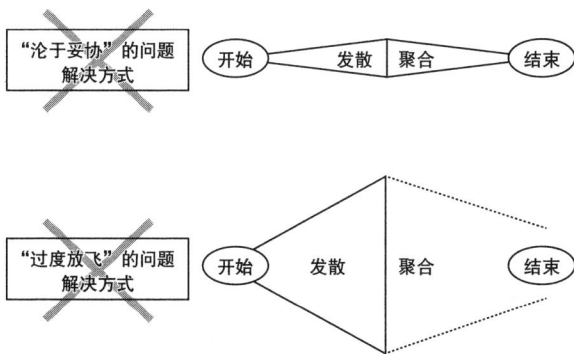

图表 11-2 "发散→聚合"循环模式

反之，因后半部分聚合不到位而导致的失败案例则如图表 11-2 的下部所示。在该情况下，虽然发散很到位，但聚合没到位，使得众多的点子未被充分排序和筛选。换言之，由于力图"面面俱到"，使得资源分散，最终陷入"不知道在做什么"的迷惘状态。

HOW　需要时时明确"目前所处的阶段"

即便在人们平时"解决问题""发现问题"之类的过程中，"发散与聚合"的视角亦有其用武之地。

一旦熟悉了某个领域，并确立了工作流程，就容易满足于上述"沦于妥协"的对策倾向。反之，倘若缺乏聚合意识，召开单纯各抒己见的冗长会议，则会陷入"只发散，不聚合"这种漫无目的的状况。

为了避免上述情况的发生，就需要明确认识发散阶段和聚合阶段的目的和定位，以及"自己目前处在哪个阶段"。

以头脑风暴活动为例，首先要给"自由发散"留出一定的时间。在该时间段内，不设限，只求量，基于"活跃思维，畅所欲言"的方针，力图从参加成员那里获取尽量多的点子。还可以让他们把点子写在浮签上，或贴在白板上，多多益善。

在该发散阶段的后半场，"利用框架"是较为有效的手段，即通过框架思维来找出构想中的死角和盲点，从而做到对整体的把握。

而在经过一段时间后，就要将提取出的点子进行分类和筛选。这便是聚合（归纳）阶段。

在该阶段，排序和筛选的评价基准（Criteria）是关键。既不是"谁嗓门大就听谁的"，也不要执着于对具体方案的优劣评判，而应基于"Why（为什么）型思维"，采用高抽象度的评价基准，从而得出令人信服的客观结论。比如，在评价多个方案时，经常会用到将风险和回报分别列在纵轴和横轴上的"矩阵法"。

【理解程度确认问题】

下述各个商业活动场景中，哪些的重点在发散，哪些的重点在聚合？

1. 在新产品开发阶段，得出假想课题。

2. 从众多选项中推导出结论。

3. 思考跳出固有模式之外的选项。

4. 对下个年度的研发项目按优先级进行排序。

12 逻辑与直观

以"逻辑"为守，以"直观"为攻

WHAT 逻辑为守 直观为攻

对于人类的发明行为，爱因斯坦曾如此点评道：

"发明成果拥有逻辑的性质，但并非逻辑的产物。"

换言之，在创造革新的过程中，取得突破的关键并非逻辑，而是基于经验和知识的直观力。

直观力可谓"玄学"，有很大的个体差异性，其很难通过什么"科学锻炼法"来加强，但能通过经验和实践来提升。说得再通俗一点，直观力就好比是一种直觉。

在进行逻辑思考时，有必要将其与直观放在一起。

逻辑与直观，它们可谓地头力的两大基本支柱。作为构成地头力要素的假设思维、框架思维和抽象思维，皆需要兼具逻辑和直观两方面。

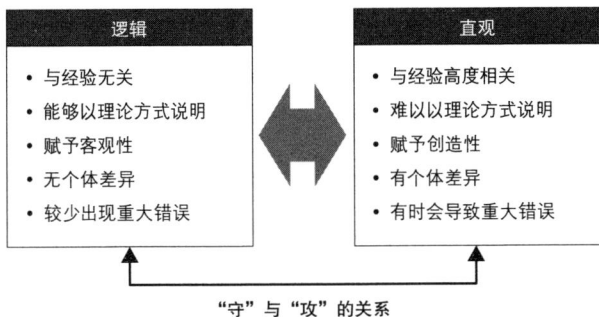

逻辑	直观
• 与经验无关 • 能够以理论方式说明 • 赋予客观性 • 无个体差异 • 较少出现重大错误	• 与经验高度相关 • 难以以理论方式说明 • 赋予创造性 • 有个体差异 • 有时会导致重大错误

"守"与"攻"的关系

【图表 12-1】逻辑与直观的关系

假设思维最初的"提出假设阶段",框架思维最初的"把握整体阶段",以及抽象思维最初的"抽象化、模块化阶段",都需要用到直观力。

而逻辑在某种意义上等于是"行理所当然之事",是一种"把失分控制在最小程度"的"防守战略",因此无法从中直接得出创造性结论。要想有所创造,就必须依靠"进攻战略"——直观。

让我们比较一下逻辑与直观(图表 12-1)。

首先,逻辑与经验无关,但直观在很大程度上依赖于经验。"专业人士的直观力"往往有丰富的经验作支撑,这样的直观力"无法解释",它源于无数成功和失败体验的积累,可谓是一种水到渠成的能力。

从海量选项中找出"感觉还不错"的选项，这种"匠人技能"便是直观力的产物。也正因为如此，其无法用单纯的逻辑或理论来解释说明。

逻辑确保了客观性，因此只要解释得当，听者便能普遍理解。与之相对，直观是主观能力的集合体，因此对于不同个体，其赋予的创造性也千差万别。

此外，基于逻辑推导出的结论具有普遍性。换言之，只要遵循相关逻辑推理过程，不管谁来推导，所得结论皆相同（姑且不论这是好事还是坏事）。与之相对，直观立足于个体差异，倘若人人的直观结论都一样，那反而毫无意义了。

鉴于此，逻辑思维推导出重大错误的可能性极低（只要保证作为其依据的前提或数据无误）；但对直观而言，"出大错"的风险却一直如影随形。

WHY　能否超越逻辑思维的局限

近年来，在商业活动中，逻辑思维日渐被重视。而纵观 20 世纪 80 年代的岛国日本，人们在职场和商业活动中讲究的是"同伴之间的心领神会"，即重视"高语境（High-context）型交流"，轻视逻辑思维。

随着商业活动的全球化推进，再加上 MBA（工商管理）培训热潮的兴起，日本人也开始逐渐重视逻辑思维。

但是，正所谓"物极必反"，当人们处处强调逻辑思维，甚至把其视为能解决一切问题的"灵丹妙药"时，"逻辑思维无法解决任何问题"等反弹意见也相应出现。

具有讽刺意味的是，这种"先是突然盲信，一旦发现瑕疵，又立即全盘否定"的态度，恰恰是最为背离逻辑思维的。

总之，逻辑有逻辑的局限，直观也有直观的风险，因此在发挥直观力时，必须保证各个"关键点"的逻辑依据。

HOW 上游讲直观 下游讲逻辑

逻辑和直观哪个好？这可谓一个永恒的课题，并无标准答案。但在商业活动的实际场景中，有时逻辑更重要一些，有时直观更重要一些，即所谓"倾向性"的差异。

总的来说，可以归纳为"上游讲直观，下游讲逻辑"。

关于上游和下游，本书会在第 14 个关键词的内容中予以详述，此处只需理解其大致含义。简单来说，它们指的是不同的工作阶段，起步阶段属于上游，而随着工作的逐步推进，就像河流顺着水势逐渐向下游流淌。

逻辑和直观的区别会在"发现问题与解决问题"的项目中详述。而在逻辑与直观的比较中，亦能发现它们的不同之处。

归根结底，当自由度较大、选项较多时，要想"选准"，就需要直观力。以围棋或象棋为例，在开局时，由于缺乏有助于预判的信息，因此在某种程度上只能凭借源于棋谱学习和经验积累所得的直观力，来决定如何落子。而当进入局末时，便是临近胜负的阶段，此时可发挥的自由度已不大，便可基于逻辑，对各种走法选项进行穷举，然后筛选。

上述做法可用在各种"上游与下游"的实际情况中。比如前述的假设思维，在提出假设时，可重视直观；而到了验证阶段，则要重视逻辑和数据。

再以企业为例，对于处于上游阶段的初创企业而言，创业者的直观力相对重要；而在处于下游阶段的大企业中，经营管理已然呈现逻辑化的"组织分工性"，员工评价系统也已具备较高的客观性。由此可见，对逻辑与直观的选择，关键在于"对口"，即要让逻辑与直观在合适的地方发挥恰当的作用。

【理解程度确认问题】

下列各组词体现了逻辑与直观的不同。请选出哪组是逻辑的特性，哪组是直观的特性。

1.（A）守 （B）攻

2.（A）前后一致（B）前后不一致

3.（A）主观（B）客观

4.（A）与经验相关（B）与经验无关

5.（A）能够向他人解释说明（B）无法向他人解释说明

13 逻辑与感情

能干的商务人士擅于区分二者

WHAT 各有"用途"

一谈到逻辑思维，肯定会有人反驳道："世间万事，并非都能靠逻辑解决。"的确，这种"合理派"与"心理（感情）派"的论争就如同宗教中的教派论争一般，永远不会结束。在此，本书希望提供一种上述论争较易忽视的观点——"区分利用"。

自不必说，逻辑与感情二者各有优劣，因此若能根据具体情况区分利用，便能取得最好的效果。

换言之，上述论争其实并非"孰对孰错"的二选一（二分法）概念，我们应该基于上文所述的二元对立的思维方式，通过将二者的特征抽象化，最终发现它们各自的用武之地。

那么，让我们先来考察一下逻辑与感情的特征差异（图表 13-1）。

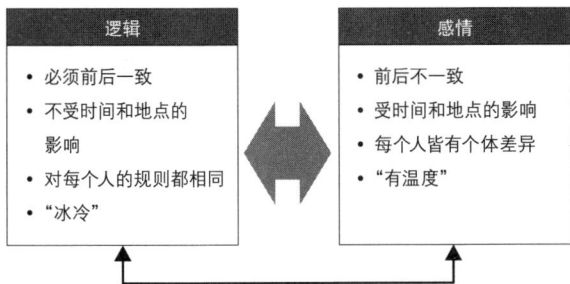

逻辑	感情
• 必须前后一致	• 前后不一致
• 不受时间和地点的影响	• 受时间和地点的影响
• 对每个人的规则都相同	• 每个人皆有个体差异
• "冰冷"	• "有温度"

【图表 13-1】逻辑与感情的特征差异

简单来说，逻辑追求的是"无论何时""无论何地""无论何人"自始至终的前后一致。一个正确（或错误）的逻辑判断，不管是在日本还是海外，在关东还是关西，对成人还是儿童，其始终是正确（或错误）的。这一点具有普遍性，容不得丝毫偏差。这便是逻辑的特征。

与之相对，在感情的世界里，根据具体的"状况"、"心情"和"对象"等所作的判断会产生大幅变化。说到这里，可能有读者会觉得"在商业活动中，感情就是个难对付的麻烦"。然而，感情对我们日常行为的支配程度，其实远远超乎我们的想象。

"既然'那个人'都这么说了，那我就试试看吧！"像这样在工作中因"感情用事"而获得强烈自发的积极性体验，想必每个人或多或少都曾有过。

WHY 逻辑与感情，它们分别在哪些场景有效？

在掌握二者上述特征的基础上，需要弄清"逻辑适用于哪些场景，感情适用于哪些场景"这一问题。对于二者用途的区分，如图表 13-2 所示。

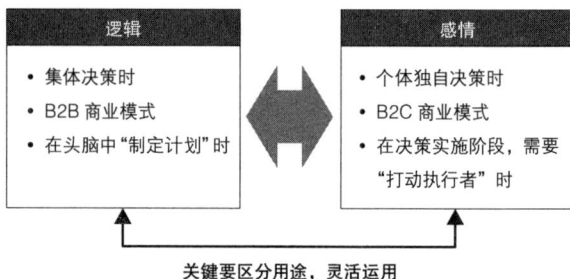

逻辑	感情
• 集体决策时	• 个体独自决策时
• B2B 商业模式	• B2C 商业模式
• 在头脑中"制定计划"时	• 在决策实施阶段，需要"打动执行者"时

关键要区分用途，灵活运用

【图表 13-2】逻辑与感情的用途区分

下面结合一些实际情况，来进一步说明灵活运用逻辑与感情的各自特征以及根据具体场景区分二者用途的重要性。

在商业活动中，当多数人参与集体决策或判断时，倘若有人站出来说，"因为我喜欢这个（主意），所以打算这么做"，那么周围人肯定无法接受。

但假如决策并非基于"少数服从多数"，而是公司创始人独断专行的"一言堂"，那么"基于个人感情的决策"是完全可能成立的。在该情况下，如果公司属于股份制企业，那么在向一众股东解释决策时，"逻辑"仍是不可或缺的。

再比如在商品开发活动中，当思考"顾客个人的购买意愿"时，感情要素往往占支配地位。鉴于此，在这种 B2C 型的商业模式中，思考"感情方面的因素"就显得尤为重要。当然，在商品的生产和开发环节，由于物质是主体，因此逻辑是主角，此即所谓"科学原理和客观数字所主导的世界"。

HOW 实际商业活动中的"区分利用"

由此可见，逻辑与感情用途各异，如果一名商务人士要想巧妙地处理日常工作，那么往往需要做到在潜意识中将这二者区分利用。

在此，让我们将工作和生活中的日常现象分为 4 大块（图表 13-3）。

先看图的"左上"和"右下"部分，它们属于逻辑与感情皆正确或皆错误的领域，因此较易处理——对于"左上"积极推进，对于"右下"竭力避免即可。

问题出在"左下"和"右上"部分。它们分别是：

· 逻辑正确但感情错误

· 感情正确但逻辑错误

平时若能有意识地关注这两个领域，便能锻炼出区分利用逻辑与感情的能力。

先说"左下"部分（逻辑正确但感情错误），比如在决定员工升迁问题时，采取"（员工）只要优秀，无论年龄大小，一律予以起用提拔"的方针便是典型。尤其在"按工龄论资排辈"这种观念根深蒂固的日本社会，逻辑正确的人事政策势必会招来感情方面的反弹。具体来说，即"资历尚浅的年轻员工一旦被提拔重用，势必会遭人嫉恨"。

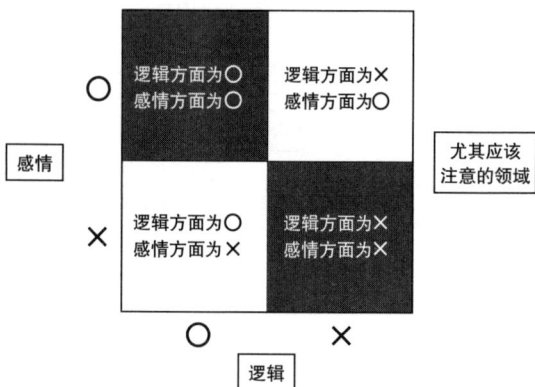

【图表 13-3】逻辑与感情的矩阵图

反之，与"右上"部分（逻辑错误但感情正确）相对应的典型人事政策要数"轮流担任"了。它是在两家公司合并后，由合并前的两家公司的员工轮流交替担任新公司社长等重要职务（不看能力）的体制。从逻辑的角度来看，或许"靠实力选拔"更为"正确合理"，但"轮流担任"这种方式的确更能获得感情方面的认同感。

◎如何在行动中反映？

那么问题来了，针对上述列举的情况和场景，在采取实际行动时，应留意哪些方面呢？

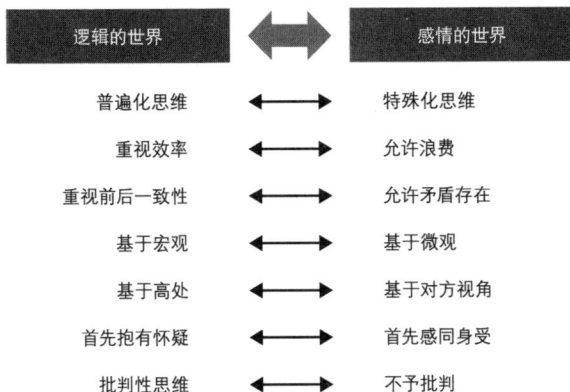

逻辑的世界	⬌	感情的世界
普遍化思维	⟷	特殊化思维
重视效率	⟷	允许浪费
重视前后一致性	⟷	允许矛盾存在
基于宏观	⟷	基于微观
基于高处	⟷	基于对方视角
首先抱有怀疑	⟷	首先感同身受
批判性思维	⟷	不予批判

【图表 13-4】逻辑与感情基于行动层面的区分利用

在行动层面，二者的差异如图表 13-4 所示。

先看"逻辑的世界"，与本书一直强调的"思维世界"的行动模式几乎一致，其不以个别、具体的角度来看待事物，而是基于普遍化、抽象化的视角，且重视前后一致性。

其次，由于其还基于宏观视角，重视"站在高处""俯瞰整体"地看待事物的方式，因此杜绝了"主观认知偏差（从某种意义上来说，这也属于感情的产物）"的产生。此外，正如前述，"怀疑一切"的批判性思维亦是逻辑思维的重点之一。

但要注意的是，倘若完全以上述作风处理工作、与他人展开合作，恐怕会"众叛亲离""孑身一人"，自然也没人愿意提供帮助。原因很简单——仅靠"逻辑"无法打动人。

"追求效率"与"付诸感情打动他人"其实是相互背离的。换言之，越是重视效率，就越容易忽视他人的感受。

比如，请设想一下"收到他人信息"的场景：

·手写信件和电子邮件，哪个更有效率？哪个更打动人心？

·沿用标准模板和特意写下的原创内容，哪个更有效率？哪个更打动人心？

由此可见，越是合理化、效率化的手段，其带来的感动越少；而乍一看似乎"浪费时间且效率低下"的手段，却能打动人心。

这里所阐述的"感情的世界"，与本书第 20 个关键词"地头力"中所提及的"情商感性力"如出一辙。后面会提到，"情商感性力"与"思考力"属于互补关系，而二者的坐标关系之所以如图表 20-1 所示那样为直角，也是基于本小节（逻辑与感情）所述的理由。

总之，需要把握逻辑与感情的各自特征，并学会区分利用。这可谓决定商业活动成败的关键要素之一。

【理解程度确认问题】

下列各项描述言语，分别是基于"逻辑"还是"感情"？

1. "不用顾虑与既有供应商所建立的关系，谁便宜就找谁。"

2. "这是只有你能胜任的工作！"

3. "别啰啰唆唆的，先说结论吧！"

4. "请尽管牢骚抱怨，我今天会一直倾听。"

【应用问题】

在下列场景中，应如何区分利用逻辑与感情？此外，还请试着思考，在实际情况中，哪些行动会较为有效？

· 在考虑资源、成本等问题的基础上，制定项目计划的

阶段

· 为了让计划得以实施，针对参加成员，采取"提升自发积极性"措施的阶段

关键词

14 上游与下游

发现"独立思考力"的用武之地

WHAT "需要思考"和"无须思考"的情况

说到"独立思考力"，有一个绕不过去的问题是："在哪些情况下需要思考？"在本项目中，会以"上游"与"下游"的构图进行阐释。先来看看二者的定义。

顾名思义，"上游"和"下游"的说法源于河流的上下游。在日常生活和工作中，思考新事物，并将其逐步付诸实践，最终取得成果的过程，就如同河流由上至下的流动一般。

上游水量较少，但流速较快，河底的岩石体积较大且形状各异。下游水量增大，但流速趋缓，河底的岩石也随着流水的冲刷而呈现小粒状，且体积和形状雷同，甚至最终变为细沙。

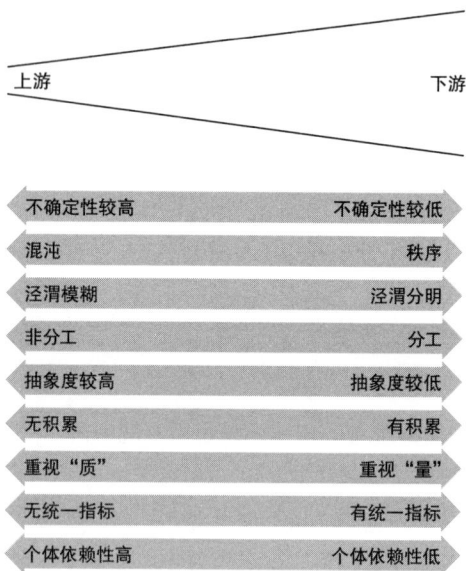

上游	下游
不确定性较高	不确定性较低
混沌	秩序
泾渭模糊	泾渭分明
非分工	分工
抽象度较高	抽象度较低
无积累	有积累
重视 "质"	重视 "量"
无统一指标	有统一指标
个体依赖性高	个体依赖性低

【图表 14-1】"上游"与"下游"的特征

这种现象与工作中的"上游"和"下游"亦相互吻合。

构思新项目，思考新商品、服务、商业模式等，这种"制定概念或计划"的阶段便属于"上游"。与之相对，在确立了概念或商业模式的基础上，具体付诸实践的阶段，便属于"下游"。

就像"水往低处流"这种不变的自然常理一样，上述工作流程同样不可逆转。

而这种工作流程的"不可逆"属性亦具有普遍性。换言之，任何工作和作业都拥有该属性，几乎无一例外。

"上游"与"下游"的区别如图表 14-1 所示。

就"上游"而言，思考力尤为重要。反之，由于"下游"的"定型化"程度较高，因此其原本就依赖机械自动化。今后随着 AI（人工智能）的进一步发展，"下游"的机械自动化势必会更快地推进。

换言之，"下游"的工作不一定需要人来做。随着 AI 精确度和效率化的提升，这方面的工作主体会逐渐被 AI 所取代。与之相对，位于"上游"的创造革新类工作则正是依赖人类思考力的领域，而人在该领域的重要性也会逐渐提升。

WHY 不可搞错用途

把 20 世纪后半期称为"日本的繁荣时代"亦不为过。日本凭借以汽车和电机为核心的制造业优势，拥有引领世界的经济实力。当时，全球市值排前的企业中，许多都是日企。当然，这样的辉煌如今已成过眼云烟。

至于当时经济高速增长背后的原因，其中之一便是"与日本人擅长的下游工作相匹配"。换言之，"下游"那种"提升雏形产品的质量和完成度，并实现大规模量产"的商业模式与当时的时代需求正好一致。

可在进入 21 世纪后，这样的需求结构土崩瓦解，时代需求转为"上游"。在这样的背景下，日本原先的优势皆沦为劣势。其中的典型便是"遵守规则，与别人统一步调，一起进行相同的作业"。

执着于既定规则也好，与他人行动一致也好，对思考力而言，这些都是"最可怕的敌人"。

可见，"上游"也好，"下游"也好，要想充分发挥应有的作用，就必须与其具体的环境相配套。

实际上，能够在上游位置独立思考的人往往是少数，常常不被周围人理解。

为什么不老老实实按规则做呢？

为什么总是想做出异于他人的事情呢？

为什么总是不懂察言观色呢？

……

遭到这样的评价和看待，有的少数派自然会有"被排斥感"和"孤独感"。

鉴于此，对于亟须变革的日企而言，当务之急是消除这种"排斥少数派"的企业文化，进而营造出能够让"出格构想"生根发芽的职场环境。

另一方面，对于习惯独立思考的少数派而言，则需要有"知道自己是少数派"的自知之明，理解多数派重视"下游秩序"的价值观，在言行方面加以注意，从而减轻周围人对自己的异样目光。

由此可见，我们需要意识到"何为上游""何为下游"，并区分它们各自的用途。

HOW　思考"当下所处的位置"

本书所强调的"独立积极思考"，从某种意义上来说，是理所当然的普遍性道理。但对于大企业这种稳定的组织而言，有时反而会造成弊害。

"总之，先按照上头说的去做"，这样的场景在商业活动和职场中占多数。反之，倘若公司全体员工都对上司或公司的方针"抱有怀疑"，并发挥个性、天马行空，则组织的秩序便无法维持。

正如前述，在上游位置独立思考的人是少数派，而对社会也好、企业也好，推动它们运作的前提皆为处于下游位置的多数派的价值观。鉴于此，我们有必要区分"上游"和"下游"的观点。

让我们审视一下，具体在何种情况下，会需要"上游"或"下游"的观点和价值观。

· 上游的长期计划，下游的短期实施

要想构思位于"上游"的长期战略，就需要"思考力"。

反之，在位于"下游"的计划实施场景中，则应该"不要想太多，先行动起来"。此外，在希望短期内获得结果的情况下，也需要"姑且先实践"的态度。

· 上游的革新，下游的执行

从零创造的革新活动，或者打造新概念的活动，都具有高度不确定性，属于"不尝试不明白"的探索领域，因而大幅依赖个人能力。

与之相对，在"把80分提高为90分、100分"的执行领域，"组织成员齐心协力，旨在努力达成指标"的态度和做法，才是解决上级分配的问题和任务的捷径。

· 上游的变革期，下游的稳定期

在社会或组织亟须变革时，变革的重要性才会凸显。其具体"出场顺序"为，"需要变革→构建新机制→上游观点"。

与之相对，在稳定期内，只需将定好的工作按照既定流程完成，因此只要基于"下游"观点，通过分工，追平工作量即可。

纵观人们平时热烈讨论的一些经管问题，比如"是扁平型组织好，还是阶层型组织好""是应该表扬（员工），还是应该批评（员工）"……其实它们几乎都遗漏了重要的具体情况或场景。换言之，讨论的重点不应是"哪个正确"，而应是"具体适用于怎样的情况或场景"。

顺便提一下，这种执着于"究竟哪个正确"的提问，其实也是思考力欠缺的体现。这与前文提及的"拘泥于正确答案"的倾向如出一辙。

希望各位读者习得上游的"独立思考力"，这是本书反复强调的主旨之一。但同时也要注意，应根据实际情况，让其有恰当的用武之地。

【理解程度确认问题】

下列各描述中，哪些属于"上游"特征，哪些属于"下游"特征？

1. "个体依赖性高"和"个体依赖性低"（工作是否依赖于特定的员工能力）

2. "大企业"和"初创企业"

3. "发现问题"和"解决问题"

4. "混沌"和"秩序"

5. "全员提升"和"上层提升"

关键词 08 二元对立

它是"抽象化"的基本概念。比如,通过定义"西"和"东"这种方向上的两极,便生成了一个判断事物的坐标轴。

关键词 09 因果与关联

所谓因果,既指原因与结果,也指这种单向因果关系。所谓关联,是指两种现象密切相关的状态。

关键词 10 演绎与归纳

它们是展开逻辑推理的两种经典方法。演绎是基于"因为有如此规定"的推论,归纳是基于"因为多数如此"的推论。

关键词 11 发散与聚合

发散往往指"生成信息或点子",聚合往往指"归纳信息或点子"。发散与聚合的成败,决定了结论和成果的品质。

关键词 12 逻辑与直观

它们可谓地头力的两大基本支柱。作为构成地头力要素的假设思维、框架思维和抽象思维,皆需要兼具逻辑和直观两方面能力。

关键词 13 逻辑与感情

在制定计划时,逻辑就显得重要;在实施计划时,为了打动人心,感情就显得重要。关键要学会对它们进行区分利用。

关键词 14 上游与下游

下游的执行属于 AI 所擅长的领域,而上游的革新则少不了人类的思考力。

Chapter

3

顾问的工具箱

要的不是"范儿",而是"注入灵魂"

在日本,逻辑思维和战略思维能得以普及,尤其要归功于以麦肯锡管理咨询公司和波士顿咨询集团(以下简称BCG)为代表的企业战略咨询公司。

提到逻辑思维,有两个绝对绕不过去的专业概念——"MECE"和"金字塔持股结构(Pyramid Structure)"。而正是得益于麦肯锡管理咨询公司专家们的大力推广,它们才广为人知。

此外,与本书第1章所述的战略思维和框架思维内容相关的PPM(Project Portfolio Management,项目组合管理,由BCG提出)和3C战略理论(由麦肯锡管理咨询公司的大前研一先生提出)等方法论亦是如此,它们都是通过咨询公司专家的著书而广为流传的。

有意思的是,与海外相比,这些原本属于外资咨询公司所推广的"洋方法",在日本反而更为普及。笔者纵观英语世界的相关书籍,发现西方国家似乎并不像日本这般热衷于"MECE""框架"等概念。

本书第 3 章会基于始于"顾问或咨询公司"的概念和工具，从中选出与思维息息相关的内容，并进行阐述。

首先会介绍作为解决问题的"两大基本理念"之一的"基于事实（Fact Base）的思维方式（另一基本理念便是"逻辑思维"），然后会介绍在阐述逻辑思维时不可或缺的"MECE"和"逻辑树"概念。

接着会介绍顾问资料中必然会"登场"的"2×2 矩阵"，包括其必要性以及制作方式。最后还会介绍因咨询公司和外资 IT 企业等在面试时常用而有名的"费米推定"。

通过使用上述工具，似乎就能有"顾问范儿"，从而在旁人眼中俨然一副"逻辑思维实践达人"的印象。但要注意的是，工具终究是工具，只是用来锻炼和实践思考力的手段。

鉴于此，我们应该在理解"为何需要使用它们"的基础上，努力自我提升至"注入灵魂"的境界层次。

15　基于事实

所谓"大家都在说"，究竟是"何处"的"何人"在"何时"说的呢？

WHAT　思考时要移除"主观解读"

所谓"基于事实"的思维方式，顾名思义，即思考要基于事实。

这里所说的事实，是指"摒除主观解读偏差的客观数据和信息"。所谓客观，即不允许因人而异的主观解读掺杂其中。

换言之，客观结果是数字，是事实。对于数字的客观性，在定义层面较易理解，因此此处着重对事实予以补充说明。

关键在于"区分事实与解读"。人们在认知和传达周围现象时，往往会下意识地将事实与解读混为一谈，而"基于事实"即是将这种"事实与解读"中的"主观解读部分"剔除的作业。

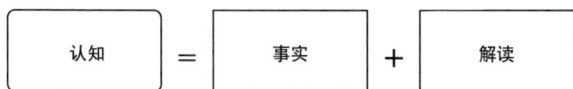

【图表 15-1】认知是事实与解读相加的产物

比如，"科长大发雷霆"这样的陈述属于事实吗？抑或属于掺杂了解读的认知吗？

"大发雷霆"属于主观判断，在不同人眼中，得出的判断或许有所不同。如果去问科长本人，搞不好其会回答"（我）只是说话激动了一点而已"。

若排除上述解读，仅基于事实来陈述以上现象的话，便是"科长一边敲着桌子，一边大声说话"。

换言之，或许科长只是在激动地鼓舞下属，而并非大发雷霆。

WHY "1 亿日元"是大钱还是小钱？

下面以数字为例，来审视人们对其的主观解读。比如，"1 亿日元"究竟是"大钱"还是"小钱"？

·对于员工只有3人的初创企业而言，它属于"大钱"；对于拥有5万名员工的大企业而言，它就属于"小钱"。

·作为招待费，它属于"大钱"；作为全公司的销售额，它就属于"小钱"。

·去年的相关金额如果是1000万日元，它就属于"大钱"；去年的相关金额如果是10亿日元，它就属于"小钱"。

·对于普通员工而言，它属于"大钱"；对于公司社长而言，它就属于"小钱"。

可见，"大"和"小"会随着情况和主观认识的不同而变化。同理，诸如"强大""弱小""赚钱""不赚钱"这些在人们日常工作中常常使用的表达，其实都是基于个体主观判断的描述。

上述"认知偏差"源于个体的立场和经验等因素。因此，如果学会摒除主观解读，基于事实陈述，便能最大限度地排除这种"隐性误解"。

此外，下面这样的情况也不少——企业外派的海外常驻员工报告说："当地员工几乎都赞成（该政策）。"结果政策一实施，带头激烈反对的就是当地员工。

类似的描述措辞还包括"没有那样的人""周围的人都……"，等等。这样的意见往往源于收集信息的人倾向于只听取"自己愿意听的话"（即所谓的"确证偏差"），从而导致最终对情况的认识和判断完全与实际背离。

HOW "基于事实"是逻辑思维的前提

鉴于此，为了在决策时不被主观臆断所左右，就必须"基于事实"。也正因为如此，基于事实可谓逻辑思维的前提条件。

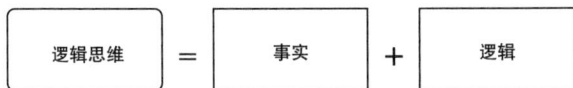

【图表 15-2】逻辑思维可分解为"事实和逻辑"

下面，对本书第 2 个关键词"逻辑思维"进行因数分解，结果如图表 15-2 所示。

可见，逻辑思维以事实为"材料"，以逻辑为"桥梁"。因此，事实可谓逻辑思维的重要构成因素之一。

换言之，唯有上述两大因素到位，逻辑思维才能成立。

然而在现实中，人们会为各种主观念想所累，面对日常生活和工作中的各种现象，多多少少都会下意识地抱有某种偏见。

当然，就像本书反复强调的，这种基于主观和直觉的判断并非一无是处，但在商业活动的决策制定中，单纯的主观臆断的确有害。

从下列描述措辞可知，对于日常生活中的各种现象，人们是多么的基于主观，且时而坐井观天，一厢情愿，盲目乐观；时而又杞人忧天，过于悲观。

·"最近经济不景气，所以我们来削减广告费用吧！"（经济真的不景气吗？从根本上来说，究竟何为"经济不景气"呢？）

·"A君抓住了老客户的心，所以咱们的销售额上去了，给他加奖金吧！"（既然说A君抓住了老客户的心，那么其所导致的具体、真实的结果究竟是什么？）

上述这种基于暧昧认知和主观臆断的决策由于与事实背道而驰，因此既难以对他人清晰地解释说明，也缺乏证明相应决策或措施是否真实有效的论据。

而所谓事实，即针对"何时""何地""何人"等疑问，尽量以固有名词和数字来具体陈述的客观内容。此外还要注意，尽量避免抽象化的表达，因为这会扩大解释的自由度。

总之，基于事实的思维方式能够避免人们坠入主观臆断的陷阱。

【理解程度确认问题】

下列描述中，哪一项属于基于事实的思维方式？

1. 日本人不擅长自由讨论，因此最好改变现有的会议方式。

2. 公司的外派员工都说，"公司进军海外的障碍是员工英语水平不够"，因此建议公司给员工发英语培训补助费。

3. 我们的客户 A 公司的销售三科的佐藤科长反映，他们的竞争对手 B 公司在售的同类机器的运转速度要比我们的快20%，因此我们要和自己的开发部商讨对策。

【应用问题】

请思考，面对下述情况，在需要作出客观判断时，应该收集哪些事实，又应该如何客观陈述？

1. 费用支出高涨，明年要认真审视，做出根本性的改革。

2. A 君工作非常努力，应该提高他的待遇。

16 MECE

"麦肯锡门派"的看家本领

WHAT　"无遗漏、无重复" = 将整体分解为部分

纵观商业活动中具有代表性的逻辑思维工具和概念，其中最知名、最普及的就要数这个"MECE"了。

MECE 是英文 "Mutually Exclusive and Collectively Exhaustive" 的缩写，简单翻译过来就是"无遗漏、无重复"的意思。至于该缩写的发音，不知为何，坊间最流行的是"mícee"，也有人将其读作"mee-cee"。值得一提的是，据说作为 MECE 一词创造者的麦肯锡管理咨询公司的芭芭拉·明托（Barbara Minto）女士则表示该缩写的发音近似于"mees"。

此外，该概念明明源于英文世界，却在日本更为深入人心。这或许得益于企业战略方法论在日本普通商务人士中的广泛普及。就拿笔者的个人体验来说，在海外的经管类书籍

和商业活动现场中，MECE 出现的频率并不及日本高。

但不管怎样，该"无遗漏、无重复"的概念是逻辑世界中极为重要的"基本中的基本"。它不仅在商业活动的现场不可或缺，在笔者看来，甚至应该将它列入初高中必修课程内容。

首先，按照"什么是 MECE"（无遗漏、无重复）以及"什么不是 MECE"（有遗漏、有重复）的状态分类方式予以说明。下面通过逻辑学中常用的"文氏图"来展现（图表16-1）。

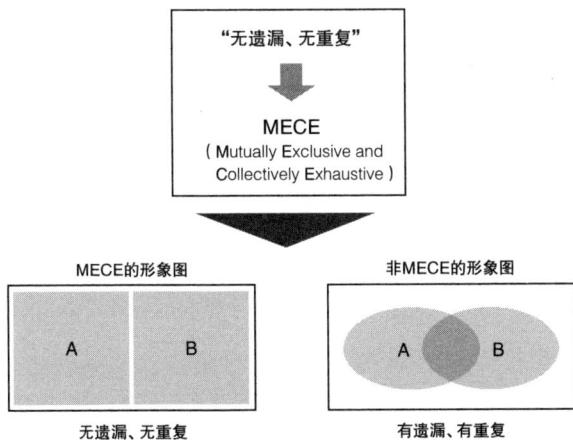

【图表 16-1】"MECE"与"非 MECE"形象图

图表 16–1 的左下部分为"无遗漏、无重复"的分解形象图,右下部分为"有遗漏、有重复"的分解形象图。它们的具体实例如图表 16–2 所示。

针对"非 MECE",再举个与兴趣爱好相关的例子(图表 16–2 右部),比如"既喜欢运动,也喜欢音乐的人"便位于图中央的重合部分,而"既不喜欢运动,也不喜欢音乐的人"便位于图的外侧部分。这也体现了其"有遗漏、有重复"的特性。

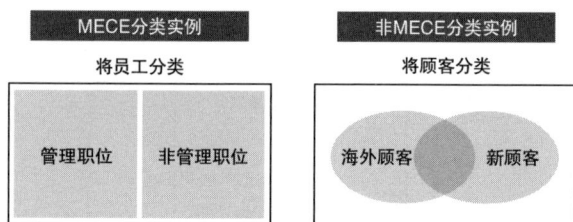

MECE分类实例	非MECE分类实例
将员工分类	将顾客分类
管理职位 / 非管理职位	海外顾客 / 新顾客

【图表 16–2】"MECE 分类"与"非 MECE 分类"的实例

WHY 减少无谓作业和返工

从总体上说,MECE 即"将整体分解为部分"的方法论,因此当它与本书后面会阐述的"逻辑树"配套使用时,便能发挥具体的"威力"。通过"无遗漏、无重复"的方式思考问题的原因及具体的解决对策，便能减少无谓作业和返工，从而有效推进工作。

换言之，人们如果在工作中缺乏上述"MECE 意识"，而只是"想到哪里做到哪里"，便会造成极多的无谓作业和效率损耗。下面举例说明（为了便于理解，相关设定尽量做到简化）。

一家向全球各国销售产品的公司，由于产品销售低迷，因此着手探讨下个年度的相关对策。经过讨论，得出了两大结论：一是"应该将提振亚洲市场销量视为课题"，二是"为了提升针对竞争对手的价格竞争力，应该降低成本"。

于是，为了让上述对策落地，该公司分配经营资源（人、物、资金），组建了两个相应的执行团队，进而开展工作。可随着工作的推进，两个团队都发现"亚洲市场的工作重点在于降低成本"，且"在实现成本削减后，应该瞄准的最重要的市场是东南亚"。换言之，在工作推进了一段时间后，才知道两个团队其实在做同样的工作。这种"重复"可谓对资源和时间的莫大浪费。

再来看"遗漏"的情况，比如在工作推进的过程中，突然发现"其实更严重的问题出自公司在美国市场的产品品质"。这样的"后知后觉"导致公司不得不慌忙地另外启动新的项目和对策。

117

掌握基本思维方法

二元对立思维

顾问的工具箱

AI（人工智能）vs 地头力

一切始于「自知无知」

总之，上述事例便是"重复"和"遗漏"所造成的"低效典型"。

HOW 通过 MECE 分类法提取课题

为了最大限度地杜绝上述情况发生，有必要在思考战略的最初阶段就基于"MECE 意识"，作出完整、全盘的考虑。

还是基于上面的例子，对于产品销售低迷的现象，在最初阶段便将那些被视为主要原因的要素以 MECE 的方式分解。比如采用"QCD"分类法，思考问题究竟是出在"Q（品质）"上，还是"C（成本）"上，抑或"D（交货期）"上。并且进一步考察这 3 方面（QCD）的问题分别发生在哪些地区。将地区划分为亚洲、美洲、欧洲、非洲、大洋洲这 5 大区域，对各区域进行调研和确认。

然后以 3 方面的问题（QCD）为纵轴，以 5 大区域为横轴，画出矩阵图，进行 MECE 分析。通过确认和讨论，最终推导出课题——"（公司产品）在亚洲市场的成本问题亟待解决"→"优化（公司产品）在亚洲市场的成本是最为重要的课题"。

若是平时就养成逻辑思维习惯的人，则不管是作发言还是写文章，都会自然而然地采用 MECE 分类法，因此在内容说明和演示说明时往往都能做到思路清晰、井井有条。

这并非单纯的偶然现象，而是因为"MECE意识"与"俯瞰整体的全方位视角"息息相关。

要想对各种现象进行MECE分类，就需要对各分类抱有"一视同仁"的整体感，进而提取相关要素。反之，倘若对各分类"割裂看待"，则其集合体很可能就与MECE的特性不符。尤其是"想到哪里做到哪里"且主观性较强的人，比较容易犯这样的错误。

总之，为了在日常生活中养成以"MECE意识"来思考的习惯，大可对每日所见的各种分类进行审视，检验它们是否属于"MECE分类"。或者亦可思考如何将那些"非MECE分类"的事物修正为"MECE分类"。

【理解程度确认问题】

请思考下列各分类是否属于"MECE分类"。请以B2C（面向个人顾客）的顾客分类场景为前提。

1. 亚马逊（Amazon）用户与脸书（Facebook）用户

2. 每天平均喝3杯以上咖啡的人与每天平均喝咖啡不到3杯的人

3. 成年人与未成年人

4. 高龄者与网民

【应用问题】

请试着将光顾快餐店的客人以如下两种方式进行分解:

① MECE 分类法

②非 MECE 分类法

关键词

17 逻辑树

"从形式入手"来学习逻辑

WHAT 将逻辑以树形结构来表示

逻辑树可谓最有"商业咨询顾问感觉"的典型图表。

所谓逻辑树，顾名思义就是"表示逻辑关系的树形结构图"，具体如图表 17–1 所示。

它是一种以"找出针对某一课题的解决对策"为目的的图解法，包括：①网罗整体，②基于树形结构的图示表达，③表示各要素之间的关联性。该方法保证了"逻辑"和"全面"。

至于逻辑树的形态，除了图表 17–1 所示的从左到右（或从右到左）延展的"横向型"外，还有从上到下延展的"纵向型"。

对框架思维和 MECE 等关键词而言，逻辑树是将它们具体化的实用工具。

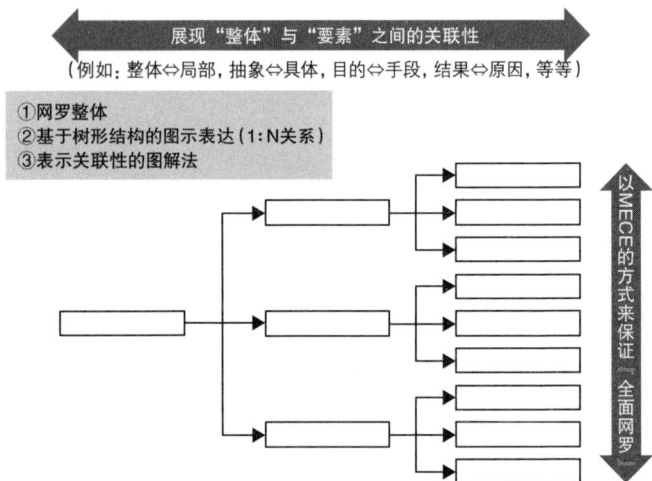

展现"整体"与"要素"之间的关联性
(例如：整体⇔局部，抽象⇔具体，目的⇔手段，结果⇔原因，等等)

①网罗整体
②基于树形结构的图示表达(1:N关系)
③表示关联性的图解法

以MECE的方式来保证，全面网罗

【图表17-1】逻辑树形象图

WHY "从形式入手"来体现逻辑

逻辑树的优势如下。

·(本书已反复强调)能够察觉思维癖性，发现思维
盲点。

·在知识或信息量不充分的领域，亦能高效地把握整体。

·通过把握整体，促进对各要素进行优先度排序。

Chapter 3

掌握基本思维方法

二元对立思维

顾问的工具箱

AI（人工智能）vs 地头力

一切始于"自知无知"

・基于上述优势，逻辑树有助于与他人共享信息及展开相关讨论。

对擅于逻辑思维的人而言，逻辑思维可谓稀松平常之事（对他们而言，进行非逻辑思维反而比较困难）。反之，不擅于逻辑思维的人常常"不明白（自己的思维）哪里不符合逻辑"。

这正是本书第5章要详述的"自知无知"。与"不符合逻辑"相比，不擅于逻辑思维的人更大的问题是"不知道什么是不符合逻辑"。此外，是否能够客观审视"缺乏逻辑"这一事实本身，即所谓的"高维认知（也称'后设认知'）"，也与此息息相关。

而逻辑树则能针对各种课题，以"从形式入手"的方式，"强制性"地让任何人都能理解其中的逻辑。因此，对于不擅于逻辑表达的人而言，笔者建议采用"哪怕将信将疑，姑且先试试"这种"从形式入手"的有效方法。

"起初从形式入手，之后不知不觉地自然掌握"，在练习运动项目或学习某种技艺时，人们也常有类似的体验。鉴于此，笔者希望各位读者尝试以逻辑树的方式整理自己在职场中所遇到的课题。例如：

・为了提升效率，请试着思考"新的工作方法"

・请试着思考降低成本的对策

· 请试着思考提升销售额的对策

请想一想，在接触逻辑树之前，自己处理问题时是否仅满足于一开始想到的几个点子而"浅尝即止"？或者在面对自身熟悉或擅长的领域时思如泉涌，而在面对较为陌生的领域时却不知从何处着手？

在这样的情况下，只要先画出逻辑树，就能获得各个角度的观点。

HOW 根据目的，灵活运用各种逻辑树

针对不同的目的，逻辑树有各种类型。此处介绍 3 种逻辑树的运用方法（图表 17-2）：

1. 深度挖掘原因的 "Why 型逻辑树"

它是全面考察造成事故、故障等原因的逻辑树，经常被用于生产制造和研究开发等现场。对于一个事件的结果，其以 MECE 的方式，搜集、网罗各种可能的原因，通过疑问词 "Why（为什么）"来关联第 "N" 项与第 "N+1" 项。

2. 将整体展开为局部的 "What 型逻辑树"

它常常被用于顾客细分等情况。通过将整体以 MECE 的方式分解，从而制定各种对策。其在考察整体时，能够排除主观臆断因素，并以"无遗漏角度"做到全面、客观。

3. 针对目的思考手段或制定对策的 "How 型逻辑树"

比如，为了达到"降低成本"这一目的，试图全方位、无遗漏地作出相应对策时，就需要这种逻辑树。对那些基于经验法则（有利有弊）的"先入为主式对策"抱有怀疑时，如果希望排除主观因素，制定"应采取的根本性措施"时，该逻辑树就能发挥作用。

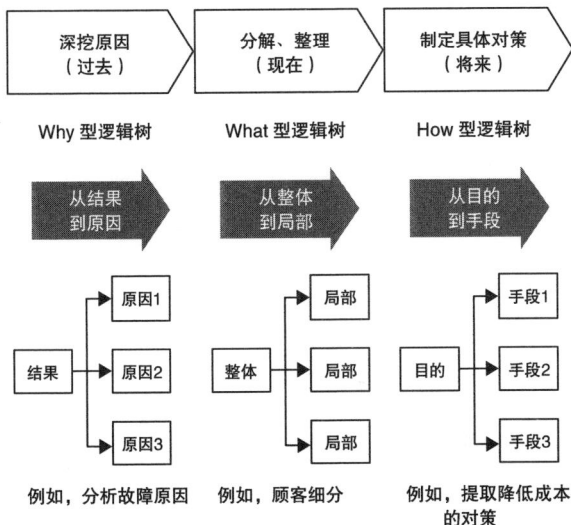

深挖原因 （过去）	分解、整理 （现在）	制定具体对策 （将来）
Why 型逻辑树	What 型逻辑树	How 型逻辑树
从结果 到原因	从整体 到局部	从目的 到手段

```
          ┌→ 原因1              ┌→ 局部              ┌→ 手段1
结果 ─────┼→ 原因2    整体 ─────┼→ 局部    目的 ─────┼→ 手段2
          └→ 原因3              └→ 局部              └→ 手段3
```

例如，分析故障原因　　　例如，顾客细分　　　例如，提取降低成本的对策

【图表 17-2】Why 型、What 型、How 型逻辑树（配合实例）

由此可见，逻辑树的应用范围十分广泛，应用案例多种多样。关键要针对业务需求，绘制出与之相适应的逻辑树，并灵活运用。

【理解程度确认问题】

下列描述中，哪项不属于逻辑树的必要条件？

1. 网罗对象整体

2. 从左到右横向排列

3. 以 MECE 方式延展

4. 明确各层级关系

关键词

18 2×2 矩阵

顾问中意的"4象限映射"

WHAT 通过"脑内整理"，探寻解决问题的线索

顾问在开展商业咨询工作时，其资料中经常会用到"2×2矩阵"。这种矩阵包含纵向和横向2轴，并进一步二分为2×2=4的象限（=领域）。通过将各种实际现象或数据映射到4象限中，便能推导出解决问题的线索类信息。

该矩阵能将模糊不清的问题清晰化、条理化、图示化，想必有不少读者也希望自己能学会和用好这种图解及表达方式。

◎模拟型与数字型

表面上雷同的矩阵，其实也分为模拟型与数字型两大类。关于二者差异的简略说明，如图表18-1所示。

模拟型

数字型

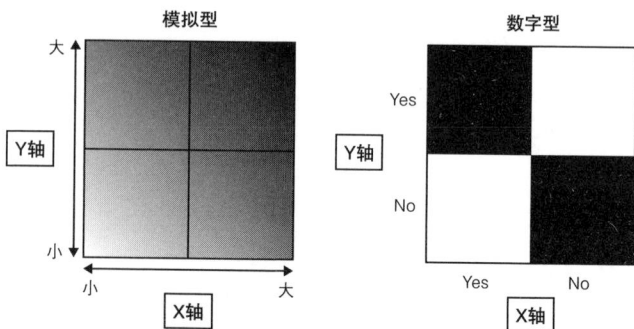

【图表18-1】模拟型与数字型矩阵

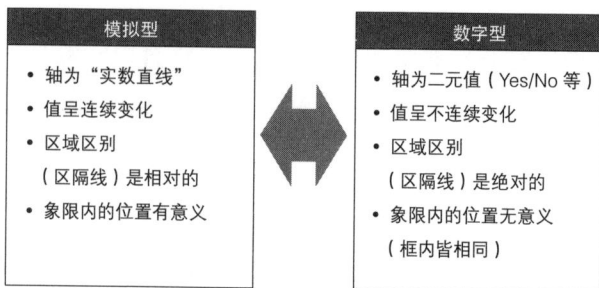

模拟型

- 轴为"实数直线"
- 值呈连续变化
- 区域区别
  (区隔线)是相对的
- 象限内的位置有意义

数字型

- 轴为二元值(Yes/No等)
- 值呈不连续变化
- 区域区别
  (区隔线)是绝对的
- 象限内的位置无意义
  (框内皆相同)

【图表18-2】模拟型矩阵与数字型矩阵的区别

模拟型与数字型矩阵的区别如图表18-2所示。

可见,模拟型与数字型矩阵的最大区别在于,前者的纵向轴和横向轴是"连续的实数直线",而后者则是"不连续的二元值"(比如"对"和"错"、"Yes"和"No"等)。

WHY "1分为4"带来新视角

简单地说，将本书第二章（Chapter 2）的主题"二元对立思维"的轴线进行"二二组合"，便构成了这2×2矩阵。既然思维的基本模式是二元对立思维，那么自不必说，2×2矩阵当然是重要的思维工具，而其中的数字型矩阵其实就是"二者选一"思维。

那么，2×2矩阵的必要性究竟体现在哪里呢？此处针对模拟型与数字型矩阵，分别予以阐述。

模拟型矩阵的典型实例是PPM（Project Portfolio Management，项目组合管理）。它由波士顿咨询集团研发和提出，可谓经典。

PPM矩阵以横轴为市场份额，以纵轴为市场成长率，然后将公司的各业务映射其中，并分为"明星"（市场份额和成长率皆高）、"摇钱树"（市场份额高，成长率低）、"问题儿童"（市场份额低，成长率高）、"丧家犬"（市场份额和成长率皆低）4个领域，作为决定企业战略的判断材料。

自不必说，该矩阵的纵轴和横轴皆为"定量"，而并非数字型的"非高即低"，因此其映射具有"相对性"。

反之，数字型矩阵则对4个领域的区分"黑白分明"。比如在划分目标顾客群时，将"是否拥有智能手机"和"是否定期购买、阅读纸质报纸"作为纵轴和横轴（Yes/No型），一旦明确定义了判断时间（截至某月某日）等，便能完全泾渭分明地将矩阵分成 4 部分。

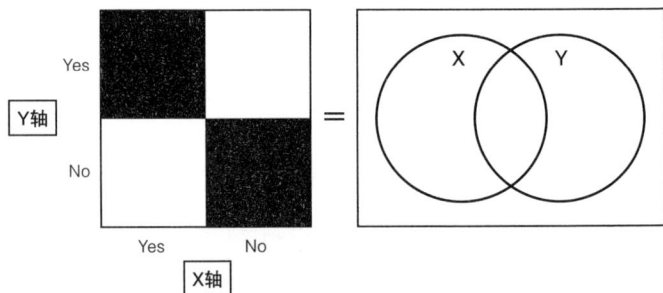

【图表 18-3】数字型矩阵 = 文氏图

由此可见，所谓数字型矩阵，其实与图表 18-3 所示的"文氏图"完全相同。在逻辑学的世界中，当判断"真伪"之类的二元值时，文氏图是一种常用工具。如图表 18-3 中的文氏图所示，两个圆能够分割出 4 个领域，可见其与数字型矩阵殊途同归。

同理，本书前述的"逻辑树"其实亦是数字型矩阵的变体（如图表 18-4 所示）。换言之，它只是以另一种形式"将整体以 2 大基准 1 分为 4"而已。

那么，既然有文氏图和逻辑树，为何还要使用矩阵呢？或者说，矩阵在何种情况下更为有效呢？

不管是数字型矩阵还是模拟型矩阵，它们的"用武之地"往往都是"为了避免将 X 轴和 Y 轴混为一谈"。具体来说，就是通过将"是 X 但非 Y"和"是 Y 但非 X"的领域显现出来，从而在原本只是"1 分为 2"的领域上增加 2 个领域。在由此得到的 4 象限上进行考察和讨论，便能推导出新的观点或对策。

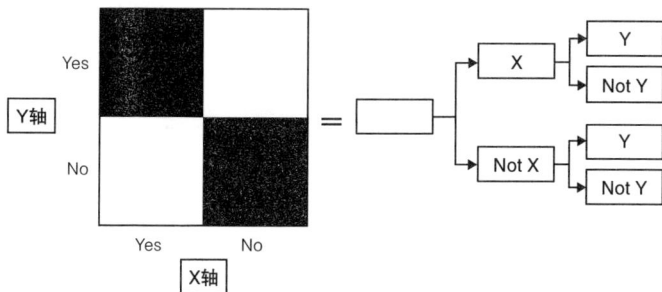

【图表 18-4】数字型矩阵 = 逻辑树

HOW 还可用于市场调研及时间管理

还是以前面提到的划分目标顾客群的例子来作说明。一般的粗略分类可能会止步于"爱玩智能手机的年轻人不看报""不用智能手机的老一辈人爱看报"；而通过数字型矩阵，便能发现容易被忽视的另两类人群——"用智能手机但也看报的人"和"没智能手机也不看报的人"。

而在发现该领域的潜在顾客后，便能推导出相应的观点或对策。比如，"针对用智能手机但也看报的人，思考纸质报纸与智能手机媒体的联动企划"，等等。

在时间管理方面，史蒂芬·R·柯维（Stephen Richards Covey）在其著作《高效能人士的七个习惯》中提出的"时间管理矩阵"可谓 2×2 矩阵的知名代表。它以人们的所有活动为对象，以"紧急程度"和"重要性"为两轴，将矩阵分为 4 个领域。

换言之，它通过"紧急 / 不紧急"与"重要 / 不重要"的组合，对人们的活动进行分类，从而帮助人们找出自己应处理事务的优先顺序。

在史蒂芬的"时间管理矩阵"理论中，"重要且紧急"的事项包括"有截止时间的工作""处理投诉""应对疾病和事故"等；而"虽重要但不紧急"的事项则包括"培养人际关系""学习及自我启发"等。

人们可以将自己一周的时间安排嵌套到该时间管理矩阵中，由此发现自身存在的不足——例如对"虽重要但不紧急"的学习活动有所懈怠等。

【理解程度确认问题】

请在下列对 2×2 矩阵的描述中，找出内容有误的项。

1. 它设想的可能性包括"一般认为具有相关性的两个变量，其实并无相关性"。

2. 它包括 X 轴和 Y 轴，两轴为"二元值（Yes/No 等）"的是数字型矩阵，两轴为"连续实数直线（销售额或利润等）"的是模拟型矩阵。

3. 把各种项目映射至矩阵时，理想状态是"项目集中于两大倾斜角区域（'右上与左下'以及'右下与左上'）"。

19 费米推定

它为什么是咨询公司和外资金融机构面试时的必考题目?

WHAT 芝加哥有多少钢琴调音师?

在咨询公司和外资金融机构的面试问题中,"费米推定"可谓必考题目。例如:

· 日本全国有多少根电线杆?

· 全世界有多少只狗?

在有限时间内推定似乎荒唐无稽、毫无头绪的庞大数目,便是费米推定的作用所在。

费米推定由物理学家恩里科·费米(Enrico Fermi)所创。他在理论物理和应用物理方面皆颇有建树,曾获得诺贝尔物理学奖,被称为"罕见的天才"。他生于意大利,后赴美国开展科研工作，曾执教于美国芝加哥大学。据说他在课堂上曾对学生提问："芝加哥有多少钢琴调音师？"

外资咨询公司以及诸如微软、谷歌等 IT 企业在进行面试时，都会对应试者提出费米推定类型的问题。因为这些公司看重且需要员工具备与费米推定相关的"思考力"。

WHY "假设验证"所需的"费米推定型"思维方式

当然，并非每个商业活动场景都需要这种"大致概算"（或者基于这种"大致概算"的思考）。就拿公司正式的资产负债表和损益计算书来说，倘若计算精度如此粗略，显然毫无意义。

可见，费米推定的用武之地在工作的"上游"，即在思考业务、商品和服务的概要及概念阶段，需要作出某种决策时。与之相对，对于最终打磨或最终检查等"下游"工作，需要的是积累所得的知识和技能，即所谓的"知识力"。

在变化激荡的环境下，面对"有限的信息""有限的时间"等制约因素，一般的应对过程是先提出假设，然后采取行动并付诸实践，从而验证假设。在这一系列流程中，"费米推定型"思维方式尤为关键。

随着 AI、大数据和 IoT（物联网）所掀起的"第 4 次产业革命"时代的来临，"费米推定型"思维方式的重要性越发凸显。

在"费米推定型"思维方式中，如今较为热门的要数"设计思维"。其特征之一是"高频度的反复试制"。

从该角度来看，费米推定可谓"思维试制品"。与最终成品不同，一般在商业思考和决策中对试制品的要求如下：

·哪怕完成度较低，也要全面反映整体（反之，倘若反映得不全面，即便做到"局部完美"也无意义）。

·揭示各种课题和问题，从而为下一步行动提供依据。

上述要求与费米推定的主旨正好一致。

现代商业的另一大趋势是"数字转型"，它是基于ICT（信息通信技术）的大幅进步。而在这种"ICT化"的环境下，商品、服务乃至商业模式都在发生根本性的迅速变化。鉴于此，对于"反复假设验证"的工作方式而言，其能够有效运用的场景得以增加。与之相对，以前的主流是"先准备万全，再打造完美商品及服务，最后投入市场"。所以，在过去，"完美主义"更有效。

如今，IoT（物联网）旨在打造的"网络互联一切"的世界逐步成为现实，其亦给商业决策思维带来了相应的变革。比如"全世界有多少红绿灯""全世界有多少插座"这种原本荒唐无稽的问题，今天也能"进化"为具有现实意义的问题："如果把它们都装上传感器，那么能催生出怎样的

Chapter **3**

掌握基本思维方法

二元对立思维

顾问的工具箱

AI（人工智能）vs 地头力

一切始于『自知无知』

商业模式和机遇？"

换言之，原本偏重于"思维训练"范畴的费米推定，如今在现实中的用武之地也越来越广泛。

关键不是"正确答案"，而是"思考过程"

那么，那些在面试时提出"费米推定问题"的咨询公司等企业，希望应试者具体给出怎样的回答呢？

换句话说，面试官考察的是应试者的何种特质呢？

先看大前提。几乎所有费米推定问题都不存在"唯一的正确答案"。这与传统考试和资格证书考试中典型的"知识测验问题"截然不同。

当然，对于费米推定问题，倘若应试者答出的数字过于脱离实际，那也是不行的。关键在于"得出答案的思考过程"，至于结果，只要估算出"大致的数字位数"便已足够。换言之，答案本身并不是最重要的。

下面基于费米推定的要点，列举面试官对应试者思考过程的"核查环节"，以及在思维训练中的"可利用部分"。

·不因为"不知道"而放弃，而是根据已知信息，努力提出假设

执着于正确答案、深受"知识力"价值观影响的人，其短板在于，一旦没有充分的信息或知识，便以"不明白"或

"信息太少"等为由，立刻放弃寻求答案。

就如本书前面在"假设思维"这一关键词中所阐述的那样，关键要"基于现有时间和信息，姑且先着手"进行思考。

· 舍弃完美主义，先把握整体情况

要想做到"姑且先给出答案"，就需要舍弃完美主义。其实，许多人在使用费米推定时，其无法推导出答案的最大原因，恰恰就是自己主观认为"即便（靠这样）推导出答案，也没有意义"。

正如前文所述，与"得出答案本身"相比，费米推定的目的更大程度上在于"把握推导答案过程的整体逻辑"。换言之，通过明确"（目前）不知道什么""一旦获知哪些信息，便能接近真相"等问题，为最终决策提供相关依据。

· 并非单纯瞎猜，而是有根据的"瞎猜"

擅长知识型思维的人，在面对他们并不直接了解的领域时，一旦硬要给出个答案，其往往会突然进入"纯粹直觉模式"，完全凭感觉说出一个数字。此处要注意的是，即便是"瞎猜"，也必须基于某种理由或根据。换言之，对于"瞎猜"的答案，要有逻辑性包含于其中。

所谓逻辑性，即"并非单纯的天马行空"。此外，对于答出的每个数字，都必须附带相应说明——"该数字是如何得出的"。如前文所述，在此环节中，夹带各种"前提条件"亦无妨。

【理解程度确认问题】

请在下列描述中，选出与使用费米推定相吻合的态度（可多选）。

1. 导出精致的解答

2. 即便粗放，也要先把握整体

3. 根据已知信息，导出假设

4. 用于习得基础知识

5. 有根据的"瞎猜"

【应用问题】

请试着思考下列费米推定问题。

1. 日本全国有多少栋多层公寓？

（思考地图上的分布，并基于人口进行估算）

2. 世界上有多少把椅子？

（根据用途和地域来估算"椅子用户"的数量，这种估算方法是否最为稳妥？也请尽量尝试其他的思考方法）

关键词 15 基于事实

所谓"在思考时基于事实",即通过"区分事实与解读",使不被主观臆断左右的决策成为可能。

关键词 16 MECE

通过"无遗漏、无重复"的方式思考问题的原因及具体的解决对策,便能减少无谓作业和返工,从而有效推进工作。

关键词 17 逻辑树

它是一种以"逻辑方式"表示各要素之间逻辑关系的树形结构图,能够在保证逻辑性和全面性的前提下,反映各种课题的整体情况。

关键词 18 2×2 矩阵

该矩阵包含纵向和横向 2 轴,并进一步二分为 2×2=4 的象限。通过将各种实际现象或数据映射到该 4 象限中,便能推导出解决问题的线索类信息。

关键词 19 费米推定

所谓"费米推定型"思维方式,即在面对"芝加哥有多少钢琴调音师"之类的问题时,基于有限的信息和时间,提出假设,进行推定。

AI（人工智能）vs 地头力

与 AI 相比，人类的知性能力具备无可替代的用武之地

2008 年，笔者所著《锻炼地头力》一书成为热点话题。当时正值苹果公司的 iPhone 手机发售后不久，可谓"智能手机的黎明期"。纵观那个时期，随着搜索引擎的急速普及和互联网上的"信息大爆炸"，靠搜索就能获得的信息逐渐失去价值；反之，人们自主思考的"地头力"则显得日渐重要。而这便是《锻炼地头力》一书的中心思想。

如今，悠悠岁月已过十载。当下对人类发展最具冲击力的技术可谓 AI（人工智能）。就拿搜索引擎来说，其已进化出了"基于大数据的预测功能"，等等。这一切的一切，使得在处理"仅靠知识量决胜负"的作业和工作方面，AI 已然拥有了压倒性优势。

在这样的时代背景下，越发显得重要的能力是"主动思考，发现、定义问题本身，并予以解决"。那么，与 AI 相比，何为人类知性能力的用武之地呢？

本章的内容主旨，便是针对该问题，进行各方面的比较

Chapter **4**

掌握基本思维方法

二元对立思维

顾问的工具箱

AI（人工智能）vs 地头力

一切始于「自知无知」

探究。

《锻炼地头力》一书出版前，在商业咨询行业和招聘圈子里，"希望录用'地头力强'的人"之类的"行话"就已经流行开了。但在大众心目中，"地头"和"地头力"依然是陌生的概念。

在上述著作中，笔者通过定义"地头力"的概念，为其普及助以一臂之力。如今，哪怕是不属于"商业咨询行业"的人士，许多也听说过地头力。当然，笔者所定义的地头力并非绝对化的概念，但针对先前一直较为模糊暧昧的"知性能力"和"思考力"等概念，笔者通过定义"地头力"，使它们拥有了总括性的含义（即"知性能力"和"思考力"总体来说究竟是什么）。不仅如此，笔者还由此明确了它们（"知性能力"和"思考力"等概念）与本书中所介绍的一众关键词之间的关系。

此外，本章还会涉及"发现问题和解决问题"的内容。"解决问题"的广义定义包括两部分：位于上游的"发现问题，界定问题"以及位于下游的"得出问题的答案"。目前，AI占有压倒性优势的领域是后者（即狭义的"解决问题"范畴）。通过对这方面的分析，便能追溯其差异的源头，并获知人类今后应着眼的重点。

另外，本章还会明确"AI能做什么，不能做什么"（即

AI 的长处和短处）。凭借机器学习和深度学习技术，AI 所擅长的领域的确在扩展，但其依然有众多无法发挥作用或不擅长的领域存在。通过对这方面的分析，便能发现人类今后的着力点。

本章所介绍的各个关键词涉及"人类当今应发挥独立思考力的领域"以及"为此所需的观点视角"等内容。具体包括针对抽象化能力及其运用的商业模式思维方法、基于抽象化理念综合运用多领域知识的多元性观点，以及将其应用于商业活动的"未来预测"等。

通过本章的学习，对于"人类今后的着力点"以及"如何将其应用于日常工作和生活中"等问题，希望各位读者能有一个大致的概念和印象。

关键词

20 地头力

从结论出发、从整体出发、单纯化思考

WHAT 3 大思维能力与 3 大基础意识活动能力的组合

地头力的核心是 3 大思维能力，即"从结论出发""从整体出发""单纯化思考"。

"从结论出发"即假设思维能力，"从整体出发"即框架思维能力，"单纯化思考"即抽象思维能力。

笔者在拙著《锻炼地头力》中，将上述 3 大思维能力与相应的基础意识活动能力——逻辑思维能力、直观力、求知欲相组合，形成了"地头力"的整体结构。

在商业咨询行业和招聘圈子里，"地头"一词早已流行，经常能从相关人士口中听到"希望招到'地头力好'的应届生"之类的"行话"。

在上述语境中，所谓"地头力好"是指"不仅拥有被灌

输的知识，还具备灵活的头脑，对未知领域亦能在短期内熟悉和上手"。

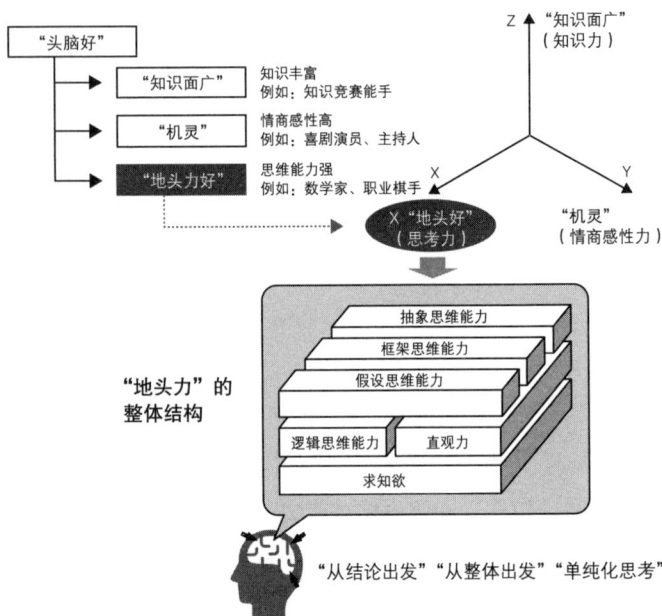

【图表 20-1】3 大知性能力与"地头力"的整体结构

对于"地头力"本身，其实并不存在明确的绝对化定义；人们一般根据需要，模糊暧昧地使用它。而在《锻炼地头力》一书中，笔者将"地头力"定位和定义为"商业活动所需的 3 大知性能力之一"（如图表 20-1 所示）。

先看图表 20-1 的上半部分。笔者将人们在商业活动（以及日常生活）中所需的知性能力分为 3 大类：

① "知识力"（包括行业知识及各种专业知识等）

② "情商感性力"（体察和驾驭他人感情和心理的能力）

③ "地头力"（独立思考力）

此处之所以不单纯罗列上述 3 大知性能力，而是将它们呈现为 "3 大坐标轴"，其理由如下：

因为 "地头力与知识力" 以及 "地头力与情商感性力" 之间并无直接关联，而是相互之间呈 "矢量直角关系"。

换言之，3 大知性能力中的任何一种即使再优秀，也与其他能力无关。

WHY 知识力有限，而地头力无限

下面以地头力为重点，通过比较这 3 大知性能力，来明确地头力的必要性。

◎地头力与知识力的差异

地头力与知识力的差异如图表 20-2 所示。

知识是个体曾经体验和习得的一切技术和内容的集合体。知识的世界存在正确答案，且能依靠个体的记忆 "瞬时召唤"，但个体的知识力是有限的，因此存在局限性。

在知识的世界里，重要的是答案，而各领域的专家则是该世界的强者。

与之相对，地头力的世界原则上面向未来，其答案和过程也不止一个，可谓蕴藏着无限的可能性。

尤其在"问题重于答案"的"发现问题"阶段，这种"独立思考力"显得格外重要。在该阶段，有时"门外汉"反而更能发挥作用。

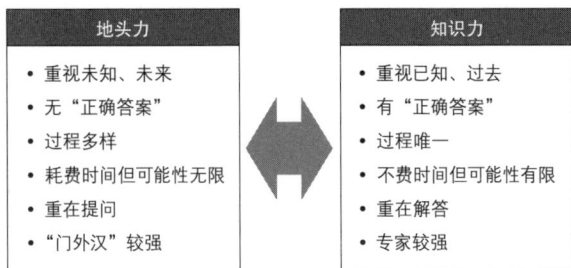

地头力	知识力
• 重视未知、未来	• 重视已知、过去
• 无"正确答案"	• 有"正确答案"
• 过程多样	• 过程唯一
• 耗费时间但可能性无限	• 不费时间但可能性有限
• 重在提问	• 重在解答
• "门外汉"较强	• 专家较强

【图表20-2】地头力 vs 知识力

纵观日本社会，不管是在教育领域还是工作现场，其价值观完全属于"知识型"。鉴于此，不得不承认，在商业活动环境转变为"重视思考力"的当下，这种价值观已然成为一种阻碍性因素。

有时候，要想提升员工的思考力，与其致力于对后辈和新员工开展培训，不如给予他们一定程度的自由空间，对他们进行"放养"。

◎地头力与情商感性力的差异

通过将地头力与情商感性力相比较可知，一个人要想发挥地头力，就需要在一定程度上具备"坏性格"的特征。此外，地头力与情商感性力的比较，其实与本书第13个关键词"逻辑与感情"中所阐述的二元对立内容殊途同归。

简言之，地头力重视"前后一致性"（即符合逻辑），而情商感性力则重视"包容对方的矛盾之处"。

此外，地头力要求"先抱有怀疑"，而情商感性力则要求"先感同身受"，且前者的态度是基于"批判性思维"，而后者主张"不予批判"。

二者的差异还体现在用途方面。

在开展工作时，一般都是先在脑中思考计划，然后付诸行动。这其实也是一种从上游至下游的过程。而此时需要地头力（＝思考力）的地方便是上游。换言之，思考时的确要冷静、"无情"，而一旦付诸行动，便不应过度执着于合理性和效率性。不仅如此，有时巧妙地顺势利用"人的心理矛盾"，反而能有效打动人心、直击情感。所以说，情商感性力也是一种重要的知性能力。

"从结论出发""从整体出发""单纯化思考"

前面的图表 20-1 的下半部分定义了构成地头力的要素。

如图所示，地头力由 6 大要素构成，它们是"从结论出发"的假设思维能力、"从整体出发"的框架思维能力、"单纯化思考"的抽象思维能力，以及作为该 3 大思维能力基础的逻辑思维能力、直观力和求知欲。

关于该 6 大要素的详细内容，本书在各具体关键词中予以阐述，此处先介绍它们的关系。

·求知欲（请参照关键词 27）

求知欲的测定基准简单明了，只要看一个人"对'已知'和'未知'哪个更感兴趣"即可。

·逻辑思维能力（请参照关键词 2）

逻辑思维是思考力的"基础中的基础"，但并非思考力的全部。

·直观力（请参照关键词 12）

知识和经验在该方面与思考力密切相关。换言之，思考依托知识和经验，而知识和经验成就了直观力。

·假设思维能力（请参照关键词 3）

凭借有限的时间和信息，推导出临时性结论。尤其在当今变化激荡的环境下，这种假设思维能力显得越发必要。

·框架思维能力（请参照关键词 4）

"基于整体考虑"的框架思维是察觉并矫正自身思维癖性的有效工具。

·抽象思维能力（请参照关键词5）

基于"单纯化思考"的抽象思维通过"具体→抽象→具体"的往复运动而生。

总之，所谓地头力，即通过上述6大要素的组合而形成的"从结论出发""从整体出发""单纯化思考"的思维能力。

◎地头力是否能靠锻炼获得？

拙著《锻炼地头力：费米推定应用法》出版以来，笔者时常会被问及的一个问题是"地头力是否能靠锻炼获得"。

对于该问题，简单的回答是"这要视对地头力的定义而定"。

因为提出该问题的人，似乎对地头力已有了一个先入为主的前提印象，即认为"地头力属于一种先天能力"。当然，鉴于在地头力一词中，"地"字当头①，因此有如此想法亦不奇怪。但要注意的是，本书对地头力的定义正如前文所述，其不同于知识力，但又与知识力相辅相成，即"通过与知识

---

① 日语中的"地"字有"本来、天生"之意。——译者注

进行组合，从而得出新成果的思考力"。对于构成地头力的要素，本书也进行了详述。

由此可见，若基于本书对地头力的定义，则可认为，地头力完全能够靠锻炼获得。

此外，人们平时所说的各种"○○力"，不管属于知性能力范畴还是身体能力范畴，其中必然有一些是"先天的"，有一些是"后天的"，且其比率千差万别。但笔者认为，无论如何，几乎都不存在"先天决定一切，后天无法增进分毫"的能力。哪怕从这点出发，也能认定"地头力能锻炼出来"。

当然，与"只要花时间，任谁都能获得显著的学习效果"的知识力相比，锻炼地头力的"努力与成果的比例"或许有所不同。但至少可以断定，"进行锻炼"与"不进行锻炼"之间的差异必然存在。

基于该前提，各位读者若能基于本书的主旨和方法论进行自我训练，则势必会在地头力方面有所收获。

【理解程度确认问题】

1. 分辨思考力与知识力的用途

分析下面所描述的各种情况，判断其中"思考力"和

"知识力"哪个更重要，并思考其理由。

　·思考前所未有的新业务或新服务的相关点子

　·完整分析即将发售的新产品的风险因素

　·制定新成立部门的年度计划

　·制作已分工明确的各部门的作业检验单

2. 分辨思考力与情商感性力的用途

　分析下面所描述的各种情况，判断其中"思考力"和"情商感性力"哪个更重要，并思考其理由。

　·制定跨度为 5 年的企业中期经营计划

　·对各部门解释上述计划，并试图让各部门理解和接受

　·制定针对下属的培养计划

　·倾听下属的烦恼

掌握基本思维方法

二元对立思维

顾问的工具箱

AI（人工智能）vs 地头力

一切始于"自知无知"

21 发现问题与解决问题

为何优等生无法发现问题？

WHAT 发现问题与解决问题的思路不同

擅长解决问题的人，往往不擅长发现问题，反之亦然，这正是"解决问题的悖论"。放眼今后的商业活动，与解决问题相比，发现问题的重要性会进一步凸显。在本关键词中，笔者会对它们予以仔细比较，明确它们与思维的关联性。

在商业活动的"每日事务执行"环节，重要的是"切实解决被分配的问题和任务"（即"解决问题"）。与之相对，在需要新构想、新点子的"创意革新"环节，"发现问题"的视角则更为重要。

此处先作出明确定义。在一般商业活动中，广义的"解决问题"是指"首先发现问题（社会的问题或个人的不满

等），然后以公司或产品、服务的形式予以解决的一系列
流程"。

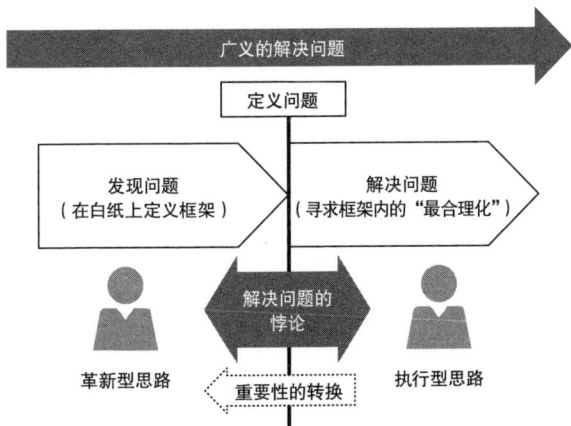

【图表 21-1】发现问题与"狭义"的解决问题

若将该流程进一步细分为"前半部分和后半部分"，则
前半部分是"发现并明确定义问题"，后半部分是"以合理
的方法解决定义的问题"。本书将前者称为"发现问题"，
将后者称为"'狭义'的解决问题"（图表 21-1）。

WHY 发现问题在"上游"的重要性较高

在思考"发现问题与解决问题"时，与它们呈"表里一
体"关系的，便是本书的第 14 个关键词"上游与下游"。

由于AI（人工智能）的进化以及数字转型的飞跃，近年来，商业环境发生了巨大变化。基于此，企业和组织要求员工掌握的技能也从"下游"的解决问题逐渐转变为"上游"的发现问题。因为"下游"的执行类作业可以由AI代劳，但"上游"的革新创造则必须依赖人的思考力。

此处产生的问题正如在阐述关键词"上游与下游"时所提及的那样，"发现问题"与"解决问题"，这二者所要求的能力和技能截然相反。也正因为如此，在解决问题时表现优秀的人在发现问题方面反而处于劣势。

那么，这二者所要求的能力和技能具体区别在哪里呢？要想弄明白这一点，就要分析"发现问题"与"解决问题"各自场景下的不同工作特性。此处先从"上游"与"下游"的关系出发，对其重新进行审视。

"上游"与"下游"的区别如下：

·"上游"的不确定性较高，属于"混沌"状态；"下游"的不确定性较低，属于"秩序"状态。

·"上游"泾渭不分明，分工不明确；"下游"泾渭分明，分工明确。

基于上述特性差异，如图表21-2所示，"上游"与"下游"所要求的能力和技能截然不同。

概括地说，位于下游的"'狭义'的解决问题"的场景需要的是"针对被分配的明确问题，能够进行高效解决的知识丰富的专家"。

这样的人才往往抱有一种思维定式，即认为"问题是被分配的、被给予的"，且对组织、上司及顾客表现出顺从，而不会质疑和违抗。鉴于此，这样的人才在学生时代往往是优等生，即在原先的组织（学校）中一直受到高度评价。

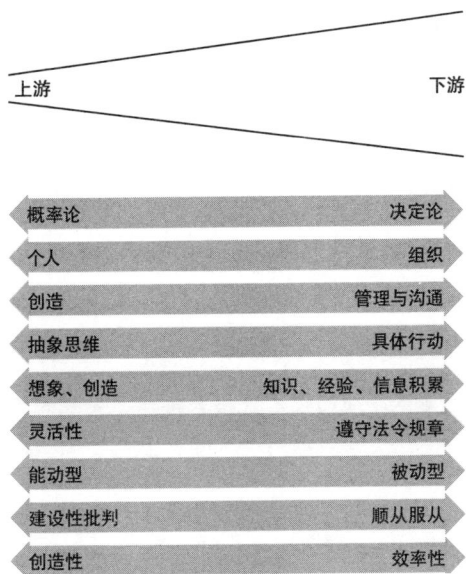

上游	下游
概率论	决定论
个人	组织
创造	管理与沟通
抽象思维	具体行动
想象、创造	知识、经验、信息积累
灵活性	遵守法令规章
能动型	被动型
建设性批判	顺从服从
创造性	效率性

【图表 21-2】"上游"与"下游"的价值观及所需技能的差异

但正如前文所述，随着发现问题的重要性日益凸显，在该领域发挥作用的反而是那种"质疑问题本身，倾向于独立思考"的能动型人才。换言之，这类人才所擅长的正好是本书的主题——"思考"，而他们所具备的价值观也好，技能也好，之前往往未能在社会上获得应有的高评价。

HOW 分辨发现问题与解决问题的"不同用途"

发现问题与（狭义）地解决问题的"边界之处"，便是定义问题的环节。

该边界有时并不明确，但通过实际业务的举例说明，可知其大致轮廓，如下所述：

· "明确顾客的潜在需求（以口头或书面形式）"属于"发现问题"，"采取具体应对手段"属于"解决问题"。

· 在 ICT 系统等项目中，"提交 RFP（Request for Proposal，需求建议书）之前的一系列工作"属于"发现问题"，"基于具体详细的技术规格来搭建、安装的工作"属于"解决问题"。

· "按照上司或顾客的要求展开作业"属于"解决问题"，"能动地提炼出'上头没要求但确实很重要'的事项"属于"发现问题"。

· "发现、筛选应达成的目的变量（销售额、成本、成品率、顾客满意度、退货率等业务指标）"属于"发现问题"，

"优化这些变量"属于"解决问题"。

·"制定业务领域、成立企业"属于"发现问题","最大限度地提升既有企业的利润"属于"解决问题"。

总之,"发现问题"与"解决问题"的关系如上所述。在商业活动的各个场景中,都需要如此分辨二者的不同用途。

【理解程度确认问题】

下列描述皆是比较"发现问题"与"解决问题"之间差异的关键词。各项的(A)和(B)中,哪个是"发现问题"的特性?

1.(A)具体化显得重要(B)抽象化显得重要

2.(A)能动性是一切(B)需要被动型人才

3.(A)创造和想象显得重要(B)效率显得重要

4.(A)分工明确(B)分工困难

5.(A)不确定性较高(B)不确定性较低

6.(A)评价指标已定(B)评价指标未定

【应用问题】

基于下列"解决问题"的事例,尝试思考何为"上游"的"发现问题"?(思考"究竟为何会发生该问题"便属于

"发现问题"的范畴）。

1. 应对投诉

2. 实施资格考试

3. 开展活动（募集人员和筹办实施等）

4. 召开例会

5. 提取"新的工作方法"的相关对策

关键词

22 AI（人工智能）

它能做什么，不能做什么？

WHAT 人类的用武之地发生了根本性变化

AI（Artificial Intelligence，人工智能）是"第 4 次产业革命"的象征。它与大数据、IoT（物联网）相结合，以"3 合 1"的方式，使电脑的信息收集和处理能力获得了飞跃性发展。在该背景下，对人类知性能力的看法，也必须与时俱进地改变。

按理来说，要想讨论 AI，就需要界定此处论及的 AI 的范围。比如，若以数十年的长时间跨度来看，AI 在未来也许会做到"无所不能"，但本书并非阐释 AI 的专业书籍，因此姑且将此处提及的 AI 的范围粗略界定为"基于目前的深度学习技术，面向特定用途的'当下的 AI 前景'"。

AI 一词其实早在上个世纪 50 年代就已出现，但因"阿尔法 Go（AlphaGo）"的围棋人机大战而广为人知的深度学习技术可谓近年来 AI 发展中值得大书特书的典型，即电脑已经能够通过"自主学习"来掌握特定技能。换言之，对于"人类未事先给出直接答案"的问题，电脑也开始能解答了。

再说回围棋人机大战，以前的 AI 基本上只会根据人类事先"教过"的棋谱下棋，但战胜了一众人类围棋顶级高手的阿尔法 Go 则不同，它有时"不按套路出牌"，会下出让专业棋手都"无法理解"的妙棋，甚至自主生成新棋谱。

这迫使人类不得不重新看待自身的知性能力。既然只要明确定义了问题，AI 就能凭借海量数据进行解答，这就意味着在不久的将来，人类的用武之地会发生根本性变化。

AI 与人类的思维差异如图表 22-1 所示。

AI	人类
被动	能动
非高维认知	高维认知
针对特定问题	针对普遍问题
无法发现问题	能够发现问题
无自我意识	有自我意识
无感情	有感情
无参差	有参差

【图表 22-1】AI 与人类的思维差异

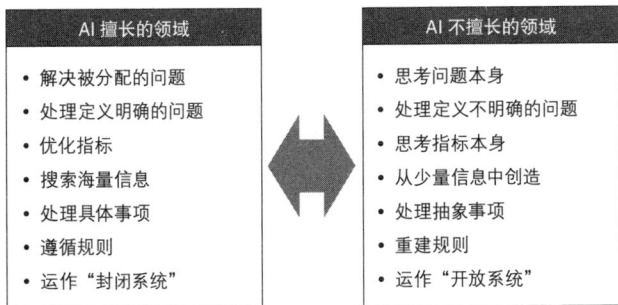

AI 擅长的领域	AI 不擅长的领域
• 解决被分配的问题	• 思考问题本身
• 处理定义明确的问题	• 处理定义不明确的问题
• 优化指标	• 思考指标本身
• 搜索海量信息	• 从少量信息中创造
• 处理具体事项	• 处理抽象事项
• 遵循规则	• 重建规则
• 运作"封闭系统"	• 运作"开放系统"

【图表 22-2】AI 擅长的领域 vs AI 不擅长的领域

WHY AI 有其擅长和不擅长的领域

目前的 AI 所擅长和不擅长的领域如图表 22-2 所示。

首先，AI 擅长解决被分配的问题，却无法发现问题（或者说目前人类并未给予 AI 该任务）。

此外，AI 擅长解答定义明确的问题，此类问题容不得丝毫模糊暧昧。换言之，对于明确的指标或变量之类的任务（比如在下围棋时，明确"最终夺取对手几块阵地"之类的任务），AI 能够完成。

纵观传统的"机械化作业"，其往往是工厂劳动者（即所谓"蓝领"）的工作。AI 则不同，其擅长的领域包括之前被认为是"机器难以代替"的脑力工作（比如医生、律师、金融交易人员等所从事的工作）。

上述工作的特征可归纳为"处理大量的信息和知识"，可知识量和信息量非但不是人类独树一帜的特殊领域，反而是最应该交由机器代劳的领域。

再看抽象概念。如图表 22-2 所示，处理抽象概念是目前的 AI 所不擅长的领域。正如本书反复强调的，处理抽象概念是思维活动的基础，而它亦是人类今后仍然保有优势的知性能力领域。

但是，在"沿袭和遵循既定规则"的领域，人类的重要性势必会逐步减弱。换言之，在"履行既定流程"和"重复既有作业"等方面，需要的是"不知疲倦""严守时间"，而这些可谓机器最为擅长的领域。

HOW　AI 和人类发挥各自所长即可

那么人类该做什么呢？

AI 所擅长的事，大可交给 AI 去做。如此一来，人类便有更多精力去做 AI 不擅长的事和只能靠人类去做的事，这给了人类尽情发挥"人类独有能力"的空间。

结合图表 22-2 可知，人类今后应聚焦的领域位于图表的右部。

可见，能动地发现问题，将具体现象抽象化后再度具体化，以及发现达成该目的所需的新变量，至少在目前，人类在这些领域依然具有压倒性优势。

根据展望，人类"能动地发现问题"的态度，在今后会显得尤为重要。因为在技能领域，AI 的能力赶超人类只是时间问题，但人类的意志、干劲和自发积极性，则不是 AI 能效仿的。

从这个意义上说，思考必须是能动性的，所谓"被动思考"，其实并无意义。而"能动"是人类独有的优势，因此其重要性在今后无疑会日益凸显。关于这一点，本书在第 28 个关键词"能动性"中会予以论述。

鉴于此，可以把人分为"被动型但有知识"和"能动型但知识不足"这两类。在以前的商业活动中（尤其是在公司等组织中），或许前一类人更有发挥能力的机会，但今后势必后一类人更有发展空间。因为前一类人的特性与 AI 完全吻合，而且论"知识量"，人类自然不可能胜过 AI。

由此可见，思考作为人类自发积极性的表现，其重要性会日益提升。

一旦理解了这点，便能明白诸如"（未来）哪些职业会被 AI 取代，哪些不会被 AI 取代"之类的争论其实无甚意义。

因为不管哪种职业，多少都包含上述两方面——"AI 擅长的领域"和"AI 不擅长的领域"。鉴于此，人们应该做的是重新审视和"盘存"自己的工作明细，从而找出今后应该着力的"附加值高"的工作。而这种"附加值高"的工作，往往是需要"自主能动思考"的工作。

【理解程度确认问题】

在下列各项描述中，选出 AI 相对擅长的项目（可多选）。

1. 以知识量决胜负

2. 解答"泾渭不分明"的模糊问题

3. 发现问题本身

4. 处理抽象概念

5. 遵循既定规则

【应用问题】

1. 请尝试对自己的工作进行分类，并将其按照图表 22-2 那样分为"左部"（AI 擅长的领域）和"右部"（AI 不擅长的领域）。

2. 请思考如何让"左部"的工作实现机械化，并畅想其相关转型步骤。

3. 请针对"右部"的工作，思考是否能在"能动性"和"创造性"方面对它们进行进一步的优化和提升。

4. 为了实现上述目标，请尝试思考将要面临的课题以及克服相关问题的手段。

关键词

23 商业模式

关键不在于"卖什么",而在于"提升收益的方式"

WHAT 模式 = 高抽象度模型

"商业模式"一词可谓当今社会的高频词,其定义和使用方式亦多种多样。本书则基于字面意思(商业的模式),着重分析其"模式 = 高抽象度战略模型"层面的含义。

换言之,笔者认为,商业模式并非个别具体的对策或战术,而是普遍适用于各行各业的提升收益的方式。

商业模式的重点在于,在五花八门的商业对策中,提取出具有普遍性和通用性的内容。这也是以思考力为主题的本书特意用一个关键词的篇幅来阐述商业模式的原因所在。

也就是说,灵活运用商业模式的水平,完全取决于思考力，尤其是对其中的抽象化和类推能力（本关键词后面会详述）的运用。

下面介绍几个具有代表性的商业模式成功案例，包括经典的"剃刀刀片模式"以及具有"第4次产业革命（以 AI、大数据、IoT 为基础）"时代特征的商业模式。

· 剃刀刀片模式

该商业模式由于剃须刀制造商吉列（Gillette）的大获成功而得名。

基于该商业模式的产品除剃须刀外，还包括打印机、电梯，以及与剃须刀构造类似的电动牙刷等。

至于其提升收益的方式，即商品本体低价销售（有时甚至不惜亏本），而在一直需要定期更换的备件、耗材以及实施的保养服务方面采取相对的高价策略，从而赚取利润。

该商业模式的成功关键在于"让消费者在转用别家产品时不得不付出高昂成本（即品牌转换成本，Switching Cost）"。为此，厂家必须在备件、耗材以及产品操作方式等方面创造出与竞争对手的差异。

· 按需匹配模式

该模式也被称为"电子市集模式"，优步（Uber）是其代表。该商业模式是智能手机时代特有的产物，可概括为"在需要（使用智能手机）时按需匹配，从而找出用户周围的相关服务提供者"。具体而言，从网约车服务到保洁、遛狗等都在其列。由于其适用范围极广，因此可衍生出无数商机。

·共享模式

该商业模式产生的背景是"对于资本主义无度消费行为的反省"，其主旨是"最大限度地共享利用原本运行效率较低的机器和设备等"，具体的典型案例如民宿 App"爱彼迎（Airbnb）"。换言之，爱彼迎是对公寓等闲置房产资源的共享利用。鉴于此，诸如共享汽车、共享街面闲置空间等各种商机也应运而生。此外，前述的"按需匹配模式"其实亦可理解为"人力资源的共享"。

·订阅模式

顾名思义，其源于杂志等的订阅。而在软件和 App 领域中，其即所谓的"每月定额制"。简单地说，就是用户通过支付每月定额的使用费，从而获取相应软件或 App 的使用权和自动更新等服务。

对于"固定费用高，变动费用低"的 ICT（信息通信技术）商业领域而言，该商业模式尤其有效。此外，即便是之前以"一次性卖断"为主的机器等硬件设备，随着"软件化"因素的日益增加，也逐渐适用于该模式。

随着消费者逐渐接受和习惯于这种"从完全拥有到仅仅

使用"的契约式转型，再加上该模式能够与消费者保持持续性的关系，近年来哪怕是变动费用较高的服务和产品，提供商和厂商也乐于采用这种订阅模式来留住顾客，这也使该模式得以不断扩展。

WHY "高抽象度战略"是关键

为何该商业模式在当今时代显得尤为重要？

因为，被称为"第4次产业革命"的数字化大潮正在冲击着商界，而其中尤为重要的便是"高抽象度战略"，其理由有如下两点：

· 变革期需要的是"非连续性对策"

所谓"数字转型"，即摒弃之前那种"改善型"手段（每日连续地逐步改进，从而追求效率的提升），而以"破坏性"的方式彻底改变行业的运作。

换言之，若只基于"具体层级"思考问题，便无法从结构上改变行业本身。唯有提高抽象度，才能使这样的构想成为可能。

· 通过将"数字化"与"ICT化"相等同，提高"商战战场"的抽象度

所谓"数字化"，即依靠ICT来决定商业方针。如今，企业若想保持竞争力，比起思考"卖什么（实体产品）"，

更重要的是思考"如何灵活利用数据,形成有用的'信息流'"。

鉴于此,与"具体卖什么"相比,企业更需要基于"什么是根本性关键问题"这样高度抽象的层面来把握商业特性。

比如,"通过提高消费者的品牌来转换成本""让边际成本趋零"之类的战略,便属于高抽象度的范畴。

这种高层级视角跳出了自身所属行业的桎梏,可谓发掘重要成功因素的必备法门。

掌握基本思维方法

二元对立思维

HOW 商业模式要靠类推来运用

所谓"商业模式的运用方法",即"寻找相同的商业结构"。

举个实例。通过网络,将个人等微小规模的客户与中小印刷企业进行需求匹配的一家日本初创公司日渐受到瞩目,它就是 Raksul,而该企业的第二大支柱业务则是名为"hacobell"的物流事业。

印刷和物流,这两个乍看上去似乎截然不同的行业,其实拥有相同的行业结构,这也是该公司同时开展这两种业务的主要原因之一。纵观这两个行业,都存在极少数的寡头大公司,剩下的是大量中小企业。基于对这种"行业阶层结

顾问的工具箱

AI(人工智能)vs 地头力

一切始于「自知无知」

构"的认识，该公司先后进军了印刷业和物流业。

换言之，其以"盘活"中小企业的印刷机器（工厂）和运输卡车的闲置时间为目的，将它们与需要的客户进行匹配共享。于是，印刷和物流这两个看似毫不相干的行业，凭借相同的商业模式实现了行业结构和机制的变革。

可见，要想灵活运用商业模式、催生新业务，需要的是前述的类推思维，即看清事物的本质性结构，"从远处借鉴"表面上看起来截然不同的"同类"。要想成功运用商业模式，该技能可谓必不可少。

总之，精通业内或类似企业的成功案例并"照搬照抄"，这算不上运用商业模式。只有放眼于其他行业或商界之外的案例，并将其抽象化，进而提取出商业模式并运用于构造相同的行业，才能实现真正意义上的革新。而在今后，这种能力的重要性会日益凸显。

【理解程度确认问题】

下列哪一项不属于商业模式的特征？

1. 高抽象度战略模型

2. 在 ICT 化不断推进的今天，显得尤其重要

3. 针对特定行业或服务的具体对策

关键词

24 多样性

转换思路与"鸡和蛋"的关系

WHAT 多样性即"增加指标进行思考"

若从思考的角度分析多样性，则可将其归纳为"增加指标进行思考"。正如后面会详述的那样，一个人靠自己发现新指标的难度极大；与之相对，通过观察他人而察觉新指标则要简单得多。这是因为人们往往在观察"与自身相异"的别人时，才会发觉自身所不具备的视角。

这里的关键在于包容接受，即面对他人截然不同的做法时，不要一开始就武断地认为"无法理解""违背常识"而心生排斥。

可见，创造多样性环境的重要条件其实在于思路。

纵观日企，不少公司虽然以重视多样性的名义录用了"属性各异"的人才（这等于是完成了"第 1 阶段"的要求），但在评价他们时，却仍然沿用之前的既有指标，于是得出"○○之类的人果然没法用"等负面结论。

如此一来，公司在寻求多样性这条路上等于是无果而终。

此处"第 2 阶段"的要求是理解多样性，并将其作为对公司员工的评价指标。换言之，该阶段的着眼点是基于"思路层面"，公司究竟是想"改变员工"还是想"改变自己"，将成为该阶段成功与否的分水岭。

上述"导入多样性（第 1 阶段）"与"转换思路（第 2 阶段）"便属于"鸡和蛋"的关系，因此必须将二者结合起来考虑。

WHY 转换思路少不了多样性

多样性（即英文中的"diversity"）可谓 21 世纪企业经营的关键词之一。其并非仅限于诸如"赋予女性发挥能力的岗位""广招外籍员工"等趋于表层的范畴，而是进一步追求企业思路层面的转换以及随之带来的企业本身的形态变革和进化。

此外，在"深化思考力"方面，多样性也有重大意义。先看以"孕育革新"为目的的思路着眼点。

通过本书所阐述的"革新与执行"或者"发现问题与

Chapter **4**

掌握基本思维方法

二元对立思维

顾问的工具箱

AI（人工智能）vs 地头力

一切始于"自知无知"

解决问题"的思路差异可知，每一组概念中前后二者的差异之一是，前者旨在"发现指标本身"，而后者旨在"优化指标"。

这里所说的"指标"多种多样，比如"大小"（例如"尽量缩小产品尺寸"）、"电池续航时间"等。它们都是将产品或服务的性能或功能予以量化的结果。而在企业经营层面，指标往往包括"销售额""顾客满意度"等经营目标。

此外，"发现问题与解决问题"中的"问题"本身亦可谓上述指标的集合体。

因此，"发现问题"等于"发现最应优化的指标"。

同理，"革新"的关键在于"如何发现前所未有的新指标"，因此它与"执行"的主旨（"如何优化被赋予的指标"）存在根本性的区别。

对 AI 而言，优化既有指标是最为拿手的看家本领，但对于"独立找寻指标"，却无能为力。"独立找寻指标"意味着定义问题本身，因此目前这仍然是人类"垄断"的领域。

纵观日企在 20 世纪的发展模式，其中一大典型"胜招"便是这种以优化指标为主旨的"卓越运营（Operational Excellence）"机制，比如"缩短所要时间（Lead time）""降低故障率""缩小产品尺寸"等，皆属于此范畴。且该体制与日本社会的"整齐划一性"密切相关。

社会"整齐划一"等于"多样性低下",而这恰恰是最适合"优化指标"的大环境。因为只有在"不被多余信息所扰"的专注条件下,才能着力于针对特定指标进行优化。

然而,在需要"新视角、新观点"时,这种社会的"整齐划一性"反而成为劣势。

在"整齐划一"的社会中,发现"新视角、新观点"极为困难,不但人们思考新视角和新指标的意识本身非常薄弱,而且对于抱有这种想法和意识的人,社会整体往往也持否定和排斥态度。

如今,日企面临"向创造革新思路转型"的课题。鉴于此,日企必须摒弃先前的"整齐划一性",致力于追求和实现"多样性"。

HOW　接纳对方的价值观,试着改变自我

在与多样性紧密相关的价值观中,有一项很有必要被用于日常工作和生活中的实践,它就是本书的主题之一——"从知识向思维转型"。

说到底,独立思考的前提之一是"理解凡事并非只有唯一的绝对正确答案"。

许多人都有"追求唯一的绝对正确答案"的倾向,而要想改变这种老旧的价值观,关键在于接纳多样性。

近年来，不少日企也开始强调多样性，比如"积极聘用海外人才"等。可即便像这样聘用了多样化的人才，这些人才实际的用武之地却意外地有限。究其原因，便是这些日企并未导入"与接纳多样性相匹配"的评价机制。换言之，面对多样化人才，企业依然采用老旧的固有评价指标。

因此，这些日企虽然在大方针上提倡"接纳多样性"，但到了具体实践层面却"老方一贴"，使政策与实际之间产生巨大落差。

那么问题来了，究竟怎样才算是"接纳多样性"的具体表现呢？

简单地说，当自己脑中的"理所当然之事"或"常识概念"被他人否定而心生不快时，不要一味想着去改变对方，而要接纳对方的价值观，试着改变自我。

最容易理解的场景是"文化隔阂"和"代沟"。比如，对于同事或下属的下列行为和做法，心中有何感受？

· 比起工作，更重视业余生活，每天准时下班

· 在未经充分探讨的情况下，拿"半生不熟"的原型或方案来征求意见

· 在集体中不懂察言观色，比起"团队和谐"，更重视个人主张

一般来说，上述行为和做法与日本组织中的传统价值观

格格不入，但并不能因此就认定它们是"绝对错误"的。

只有学会接纳这种不同的价值观，才能产生与"新的工作方法"相关的点子。

同理，在思索与新商品相关的点子时，也需要接纳对方的价值观，并试着改变自我。

"要质疑理所当然"，这是不少人都知道的道理，但实践起来就是另外一回事了。比如面对"无法理解的顾客""提出无理要求的顾客"，多数人往往趋于抱怨和否定。但如果能够尝试接纳对方的价值观，冷静思考这些顾客的需求所在，便等于找到了一条发现新视角的捷径。

换言之，这样的捷径始于"自己无法理解之事物（或人）"。而在此过程中，多样性不可或缺。

【理解程度确认问题】

下列描述中，哪些与"重视多样性"没有太多关系（可多选）？

1. 对于行为"违背常识"的员工，对其进行彻底教育，以纠正其行为。

2. 将自己国家的传统及国内的行业常识放在首位，重视既有规则及习惯。

3. 见到无法理解的人时，试着思考"对方是不是拥有自己所没有的价值观"。

25 预测未来

是否察觉到"亚马逊并非书店的替代物"?

WHAT 未来，已来

在商业活动中，运用思考力的一个典型场景是"预估'近未来'的形势，从而制定事业对策"，即所谓的"预测未来"。此处所论及的"预测未来"并不限于客观世界，还包括"利用自家商品或服务，实现自身愿景"的主观行为。

但凡担负开展事业或业务职责的人，往往立足于未来要靠自己开拓的理念。

说到预测未来，许多人可能会"脑洞大开"，一下子联想到"长生不老""时间机器"之类的科幻题材。而在现实的商业活动中，所要考虑的是 5 年后、10 年后，乃至 30 年后的趋势和情况。而这样的"近未来"，其部分内容往往已然在发生。

换言之，未来逐渐成为"已来"。

话虽如此，大部分人却无法察觉这样的变化。相关原因如下：

一是不喜变化的"基本保守派"往往占绝大多数。对于新技术所带来的未来变革，他们在潜意识中不愿接受，而这样的"确证偏差效应"会让他们"选择性失明"。

二是人们往往缺乏"以抽象化视角看待新事物和新动向的能力"。换言之，多数人趋于仅仅将新事物和新动向视为"个别的具体案例"。其实，一旦以抽象化的方式分析新事物和新动向，便能发现它们可以应用于许多其他领域。

WHY 是否察觉到"亚马逊并非书店的替代物"？

下面以"具体与抽象"的"预测视角"，对亚马逊的发展轨迹进行分析。

亚马逊于 1995 年以"Amazon.com"网站的形式启动业务。当亚马逊开始进入公众视线时，几乎所有人都将其视为网上书店。当时对于亚马逊的网上售书业务，其绝大多数顾客也认为它仅仅是"书店的替代物"而已。

如今，面对亚马逊这个"什么都卖"的网上零售帝国，人们显然意识到当时的看法是"大错特错"的。

再回到 90 年代，如果当时认为亚马逊只是一家网上书店而已，便会得出这样的分析结论——其竞争对手是实体书店，只有出版业会受其影响。

由现状可知，亚马逊当年创造的其实是一种全新的商业模式，而网上书店只是这种高抽象度的商业模式的一个具体实例而已。

换言之，亚马逊最初启动的网上书店其实只是新商业模式的一个"实测样本"。如果分析该样本背后高抽象度的商业模式，则可归纳出如下若干特征：

· 基于互联网

· 以云计算为基础

· 能够方便地搜索全部库存情况

· 拥有品类丰富的库存

· 通过用户不同的历史购买记录，有针对性地自动推荐商品

· 在线支付结算

· 排除中间商

· 实现"次日配送"等超短周期的交货效率

…………

上述特征正是如今人们耳熟能详的电子商务的特征。

由此可见，所谓新事物和新动向，往往是以某个具体事例的形式呈现给大众的，若将这种具体事例的特征高度抽象

化为商业模式，便能将其拓展应用于其他领域。

因此，对于上述"亚马逊网上书店"那样的具体案例，如果能够尽早发现其背后的本质，提炼出其蕴藏的抽象化特征（能做到这点的往往是"业外人士"），并应用于自身所处的行业或领域之中，便能先人一步，抢占商机。

HOW 以"具体→抽象→具体"的方式预测未来

那么，该如何预测未来呢？让我们基于"思考力使用方法"的角度，来分析该问题。此处的核心是前面阐释过的"具体与抽象的往复运动"。

如今，与当年亚马逊类似的企业要数优步（Uber）和Lyft（中文译作"来福车"）等网约车服务公司。

开始时，几乎所有人都把优步视为一家单纯的网约车公司，认为其竞争对手是传统的出租车公司和随着优步的发展而涌现出的其他网约车公司。这与20年前把亚马逊单纯视为网上书店的看法如出一辙。

让我们试着提炼出优步的抽象化特征：

· 用户在需要时启动手机 App

· 根据用户的具体需求，将用户与相应资源（注册登录的服务提供者）进行匹配

· 向用户提供满足其具体需求的服务

在进行如此抽象化以后，便可知其中的"相应资源"并非仅限于汽车和司机，还可以是"帮忙购物的人""帮忙做饭的人""帮忙搬东西的人""帮忙修理机器设备的人"等。换言之，此处所述的新商业模式，即针对顾客的各种需求，为之匹配相应的服务。

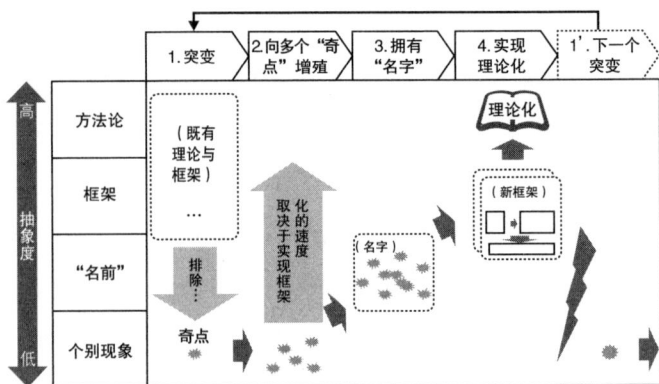

【图表 25-1】"奇点" = "具体→抽象→具体"的过程

此外，该商业模式还提升了工作的自由度，人们可以身兼数职，并实现"想干活儿的时候干活儿，想干多少干多少"的全新工作方式。

上述商业模式和工作方法被统称为"零工经济（Gig Economy）"，已在其他国家急速发展。

若能做到上述抽象化分析，则在数年前便能预见这种"零工经济"的前景。但如果仅仅把优步视为"网约车服务"，那当然无法预见这样的"近未来"。

审视世间各种"新浪潮"的发展过程可知，其往往始于一个"奇点级现象"；其后，相关现象逐渐增加；再往后，这些现象被抽象化，从而获得一个"名字"，即出现了一个能够定义它们的词，进而实现这些现象的框架化和理论化；最后，再进一步将其扩展应用于具体案例。这种"具体→抽象→具体"的过程如图表25-1所示。

可见，各种新浪潮基本都遵循这一过程。鉴于此，面对当下出现的"具体奇点"，只要基于图表25-1所示的过程予以分析，便能预测之后会发生什么，从而也就做到了预知"近未来"。

如今热门的比特币等加密数字货币与区块链技术的关系亦是如此。所谓加密数字货币，无非是区块链技术（使个体之间的价值转移成为可能的分布式账本技术）的一个具体应用案例而已。若能提炼出其抽象特征，便能发现它在其他方面的无限应用前景，从而做到"预测未来"。

【 理解程度确认问题 】

请从下列描述中找出与"商业方面的未来预测"不符的项。

1. 比起"预想从无到有之物",更重要的是"提炼出既有的特殊事例的通用要素"。

2. 并非完全客观,有时亦需加入自身的主观意志。

3. 即便观察其他行业,也无法实现预测。

4. 此处的关键依然是"抽象化与具体化"。

【 应用问题 】

诸如音乐和手机 App 等服务,如今不少已转变为订阅模式(每月定额制)。请试着思考,该趋势今后会发生怎样的变革?

关键词 20 地头力

它是 3 大思维能力与 3 大基础的组合，根本是"从结论出发、从整体出发、单纯化思考"。

关键词 21 发现问题与解决问题

"发现问题与解决问题"两者的思路、所需技能和价值观皆不同。必须在理解这一点的基础上，分辨二者的不同用途。

关键词 22 AI（人工智能）

AI 所擅长的事，大可交给 AI 去做，人类只要专注于"思考问题本身"等只有靠人类去做的事即可，也就是尽情发挥"人类独有的能力"。

关键词 23 商业模式

它并非个别具体的对策或战术，而是适用于各行各业的"提升收益的方式"，即一种通用的高抽象度模型。

关键词 24 多样性

它可被归纳为"增加指标进行思考"，而要想转换思路、孕育革新，就要追求多样性，而非"整齐划一性"。

关键词 25 预测未来

面对新事物和新动向，不将其单纯视为个别的具体事例，而是将其"抽象化"。通过这种方式，便能发现将其应用于其他领域的前景。

一切始于"自知无知"

思考始于对"自己无知"的察觉

在作为本书最后一章的这第 5 章里，笔者想回归思考的"根本论"，重新审视作为锻炼思考力"原始前提"的根本价值观。

正如前述，思考力的关键并非"How to"（讨论具体个体），而是"Why"（探究根本原因）。在本章中，笔者会着眼于本源，阐释本书主题本身的"Why"。

可以说，能否习得和掌握本章所论及的一系列关键词，将直接决定各位读者在日常生活和工作中究竟是"思考激发"还是"思考停止"。

倘若读者陷入"思考停止"的状态，本书内容则无法起到任何实际作用。但既然各位读者特意抽出时间垂阅本书，且已读到了这第 5 章，就证明已经达成了培养思考力的"第 1 阶段"（确切地说应该是"第 0 阶段"）。鉴于此，本章会着力解说思考中"基础的基础"。

本章标题中的"自知无知"是古希腊哲学家苏格拉底提出的概念。但凡思考"思考"本身，必然要引用该经典理念。

要想激发思考，不可或缺的态度是"察觉到自己是多么无知"。这里说的"无知"并非单纯的没有知识，而是指对周边事物缺乏观察。

正因为"自知无知"，才能够避免不假思索地全盘接受，才能够抱有怀疑态度，才能够不被所谓的"常识"所束缚。此外，作为地头力基础、思考原动力的"求知欲"和"能动性"亦源于此。

在商业活动场景中，经常能听到诸如"不要被常识所困""要打破常规""要跳出既有概念"之类的说辞，但被常识和既有概念所困的人面临的最大问题其实是"无法察觉自己被常识和既有概念所困"。为此，需要通过"怀疑"来激发思考。换言之，在感觉"哪里不对劲"时，要有意识地自问"是否有自己未察觉的问题"。

若进一步追根究底，就能发现一个根本性问题："为何需要怀疑？"

其重要原因之一在于，人类难以摆脱"主观臆断"和"认知偏差"，即所谓的"有色眼镜"。

在观察世间万事万物时，我们每个人多少都存在主观上的"视角偏差"，比如趋于偏袒自身，或者一厢情愿地认为"自己不同于常人"，等等。

要想完全摆脱这种认知偏差是不可能的，但我们可以依靠"高维认知（从高处客观审视自我）"来克服它。

此外，"高维认知"还能激活"自知无知"的意识，因此可谓激发"自主能动思考"的原动力之一。

总之，越是实践本章论述的"自知无知"，就越能体会其高深之处，而此过程正是"思考之路"上的修行。

关键词

26　自知无知

自以为聪明就"玩儿完了"

WHAT　唯有苏格拉底察觉到自己的"无知"

"自知无知"可谓与思考相关的最重要的关键词。它是古希腊哲学家苏格拉底提出的概念。

哲学家苏格拉底（公元前 469 年前后—公元前 399 年）在当时被誉为"最高贤者"，可他自己却并不这么看。

他与当时被称为"贤者"的其他人交流后，得出的结论是"自己比其他任何人都要无知"。

这便是"自知无知"概念的起源。

在激发思考方面，该概念的重要性比其他关键词要大出数倍，因此，怎么强调其重要性都不为过。

而在现实生活中，绝大多数人往往认为"自己什么都知道"，且越是涉及自己有"半桶水"知识的领域，这样的倾向就越强，因此要时刻引以为戒。

WHY "自知无知" vs "无知无知"

思考是纯粹的自发性行为，比如经常用于修饰思考的副词短语就包括"用自己的头脑"，等等。

顾名思义，思考无法由他人强制，而是完全源于自发的某个动机。这样的动机即一种察觉，而这种察觉便是"自知无知"。

一旦察觉到自己的"无知"，就会产生对未知事物的关心，并激起学习新事物和新知识的意欲，这便是求知欲。而一旦有了求知欲，便能使思维保持活跃状态。

有强烈"自知无知"意识的人和毫无相关意识的人（"无知无知"者），在日常行为中存在如下差异：

·"无知无知"者常常滔滔不绝；"自知无知"者常常虚心倾听。

·"无知无知"者知道得越多，越是觉得自己聪明；"自知无知"者知道得越多，越是觉得自己愚笨。

·"无知无知"者重视过去的经验；"自知无知"者虽也回顾过去，但更着眼于美好的未来。

·"无知无知"者喜欢对他人提出各种意见；"自知无知"者不会在没有充分把握的情况下出口妄议。

· "无知无知"者总是自信地认为"自己是正确的";"自知无知"者总是怀疑"或许自己是错的"。

顺便提一下，上述差异中的第 2 项还可被归纳为"能力越低的人，自我评价越高"。而这样的认知偏差（如本书的第 31 个关键词所述）被称为"邓宁·克鲁格效应（Dunning-Kruger Effect）"。

拉姆斯菲尔德所提出的"未知的未知"

此处介绍一个与"无知"及其对象"未知"相关的小故事。2002 年 2 月，美国国防部原部长唐纳德·拉姆斯菲尔德（Donald Rumsfeld）出席记者会，当被问及伊拉克是否存在大规模杀伤性武器时，他的回答可谓"名言"。

当然，基于其发言的上下文，当时他的回答并未获得普遍的正面评价，但至少在思考"无知"和"未知"方面，其内容可谓颇具启示意义。

他当时答道："（我们对真实情况的认知分为 3 部分）首先是知道自己知道的'已知的已知'（known knowns），然后是知道自己不知道的'已知的未知'（known unknowns），最后是不知道自己不知道的'未知的未知'（unknown unknowns）。"

若将他的回答与"自知无知"的概念相联系，则可将认知的世界分为3种。尤其可圈可点的是，他将未知分为2种，明确揭示了"未知的未知"（连"自己不知道"都不知道）领域的存在。

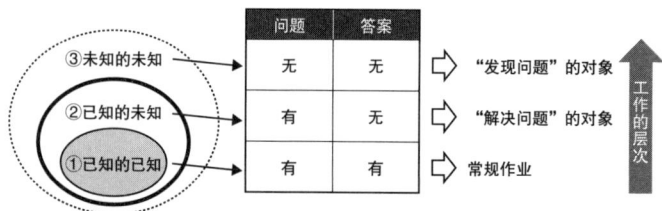

	问题	答案	
③未知的未知	无	无	⇨ "发现问题"的对象
②已知的未知	有	无	⇨ "解决问题"的对象
①已知的已知	有	有	⇨ 常规作业

【图表26-1】"已知的已知""已知的未知""未知的未知"

总之，拉姆斯菲尔德上述回答的意义在于，明确了"知道自己不知道＝已知的未知"与"不知道自己不知道＝未知的未知"之间的区别。

其实，真正占多数（可谓天文数字级）的领域肯定是"未知的未知"，但人们往往在不知不觉中倾向于将"已知的未知"视为未知领域的全部。可实际上，占压倒性多数的是"自身根本未察觉"的领域。而一个人如果认识到这片"未知的未知"领域的存在，便不会轻率地仅凭自身经验和知识去判断事物。

这种谨慎的态度，亦是对"自知无知"的实践。

Chapter 5

掌握基本思维方法

二元对立思维

顾问的工具箱

AI（人工智能）vs 地头力

一切始于「自知无知」

HOW "未知的未知" = "发现问题" 的领域

若将上述 3 大领域套用于人们的日常工作，则如图表26-1 所示。

"有无问题？""有无答案？"

若基于上述两点进行考察，则可知"既有问题又有答案"的是"已知的已知"，这在工作中属于"常规作业"范畴。

"有问题但无答案"则属于"已知的未知"，即"解决问题的对象"的领域。

最后，"既无问题也无答案"便属于"未知的未知"，即"发现问题"的领域。

换言之，所谓"解决问题"，即是将"已知的未知"变为"已知的已知"；而所谓"发现问题"，即是将"未知的未知"变为"已知的未知"。

近年来，以"阿尔法 Go（AlphaGo）"为代表的 AI 进化发展成就所带来的冲击，其实都聚焦于一个点，即"只要明确定义问题，AI 就能够自动解答"。

这意味着，机器能力优于人类的领域已从之前的"已知的已知"开始扩展至"已知的未知"。

鉴于此，如今人类应优先着眼的课题是"未知的未知"领域，即"发现问题"。

话虽如此，人们却往往在日常生活中错误地将"已知的未知"视为未知世界的全部，比如风险管理中的"预料之外"一词，便是该错误意识的直接体现。换言之，假如认识到了"未知的未知"的存在，便能够预料"会有预料之外的事发生"。

又比如近年来多发的企业内部信息泄露事件，一些企业的负责人还会为此在记者会上公开道歉，而这种企业的"管理不善"状况也会成为各大媒体的批评对象。但是，只要基于上述理论分析，便能发现，既然"知道发生了内部信息泄露"，说明当事企业的管理水平"还不算太差"。反之，真正可怕的是"根本不知道自己企业的内部信息已然泄露"。

总之，如果能做到"自知无知"，意识到"未知的未知"领域的存在，便能激发"高维认知"（后面会予以阐述），防止陷入"思考停止"的状态。

【理解程度确认问题】

下列行为中，哪一项是"自知无知"者不会做的？

1. 教训知识不足的人，并言传身教。

2. 常怀好奇之心，坚持学习新领域的知识。

3. 对于自身无法理解的他人的言行，不一味否定，而是认为"或许有自己未知的世界存在"。

27 求知欲

它是地头力的基础，也是思考的原动力

WHAT 求知欲即对"未知之物"的探究心

爱因斯坦曾说："我并无特殊才能，只是好奇心极强而已。"

自主能动思考的"基本中的基本"便是求知欲。本书所指的求知欲，除了"对未知事物抱有兴趣"的含义外，还有以下几层意思：

· 比起已知，对未知更感兴趣。

· 不会不加批判地全盘接受别人的主张，而是以怀疑和批判的态度视之；在自己真正理解之后，才会对这种主张予以接受。

· 不妄加否定自身无法理解的事物，而是怀疑"自己的认知是否存在局限"。

·时刻抱有"自知无知"（请参照本书第 26 个关键词）的意识，且常常自省，避免陷入"自认博学"的傲慢状态。

随着"**AI 时代**"的到来，求知欲是人类必不可少的品质，它能产生能动性，启动思考力，并有助于激发"不满足于现状"的进取心。

WHY　求知欲是能动思考之源

本书已反复强调，思考是纯粹的能动行为，其与"即便被动亦能习得"的知识存在根本差异。而思考的能动性的主要源泉，便是求知欲。

求知欲旺盛的人往往不甘于重复现状，而是趋于不断追求新事物的"外向型思考"。

换言之，他们不喜效仿他人或沿袭旧例，而是专注于"不同"，且志在改变和改善现状。

在上一个关键词"自知无知"中，笔者阐述了求知欲与它的关联性；后面会解说的"抱有怀疑""打破常识""高维认知"等关键词，其实也和求知欲相联系。

不盲从权威，怀疑既有常识，并坚持客观地审视自我，且力求提升自我，这些可谓求知欲的基本特征。

从上述基本特征及与多个关键词的深度联系可知，对思考力而言，求知欲是不可或缺的源泉。

HOW "What"的好奇心不如"Why"的好奇心

在论述人们日常生活中的好奇心时，关键要分清"What型"好奇心和"Why型"好奇心。

"What型"好奇心是对知识的好奇心，而"Why型"好奇心是对发现问题和解决问题的好奇心。

孩子们无一例外，皆是"好奇心的集合体"。尤其在上小学之前，孩子整天都会缠着大人问"为什么"，可谓"Why型"好奇心的典型体现。之后随着不断接受学校的知识灌输，在成长的同时逐渐被常识框住，于是往往会失去"问为什么"的"Why型"好奇心。

"What型"好奇心也被称为"知识欲"，它是知性能力较高的人的一大特征。但凡知识欲强的人，往往在学校和职场都受人器重和尊敬。但是，随着AI的不断发展进化，仅仅为了满足知识欲的学习行为本身的意义，正在变得日渐稀薄。

要想获得思考力，就必须养成独立思考的习惯（不管思考对象有无答案）。为此，具备"Why型"好奇心是关键。

当然，具备"Why型"好奇心的人大多也具备"What型"好奇心，因此笔者此处并非在否定"What型"好奇心。

换言之，人类在思考时，有知识当然比没知识有利。但在当今的AI时代，对于"以知识（量）决胜负"的领域，人类应尽量让机器代劳，以便集中精力探究"Why"的方面。这也是本书的一贯宗旨。

此外，有一点要注意，那就是看似"Why 型"实为"What 型"的"小知识"类问题。比如涉及某个单词或概念由来的问题，像是"奥运五环为什么是五个环"之类。在这种情况下，询问理由的疑问词虽然是"为什么（Why）"，可一旦知晓答案并记住后，这个问题就仅仅是个知识点而已，其不同于"Why 型"好奇心。

总之，"Why 型"好奇心的关键在于，其不同于"知或不知"之类的静态问题，而是着眼于事物的动态发展，不断提出相应问题，并思考相关问题的潜在背景及目的等。

【理解程度确认问题】

下列描述中，请选出与思考力所需的"Why 型"好奇心无关的选项（可多选）。

1. 对世界各国的国旗感兴趣，并记住所有国家的国名。

2. 碰到吃过和没吃过的食物，会故意点没吃过的。

3. 不盲信所谓"业内常识"，而是分析这种既定的规章和规则，试着思考其理由所在。

4. 嗟叹他人的无知，致力于启蒙活动。

掌握基本思维方法

二元对立思维

顾问的工具箱

AI（人工智能）vs 地头力

一切始于"自知无知"

28 能动性

并非"刻意培养",而是"自主养成"

WHAT "独立思考"意义重大

笔者在阐述关键词"求知欲"时也已提到,思考是纯粹的能动行为,即基于自身意志的行为。本书通过多次将其与"知识型思维"相比较而得出的二者间的差异,也正好体现了求知欲的重要意义。

当然,即便是在吸收知识方面,能动的求知欲无疑也在发挥重要作用。

但要注意的是,在学习知识时,哪怕态度被动,也能取得一定的成果。与之相对,要培养思考力,则必须具备能动性,否则会毫无收获。

具体来说,倘若仅仅抱有"接受灌输,死记硬背"的态度,就像被强制命令100遍"好好思考"一样,完全是徒劳。

　　如果是学习知识，不管再怎么提不起劲儿，如果一个知识点被灌输 100 遍，那么至少能够记住（只限于"知道"的水准）该知识点。

　　此外，"知识型思维"着重于答案，而"思考型思维"着重于问题，可见二者的方法论本身亦大不相同。具体请见图表 28-1 对二者的比较。

WHY　思考型教育与知识型教育的方式截然不同

　　前面已多次强调，思考力的养成完全是能动性的。既然这个道理如此明显，为何还要特地将其铭记于心呢？

　　这是因为在涉及教育（比如企业对员工的教育）方式的问题时，必须跳出之前占支配地位的"重视规章制度"模式，即所谓的"知识型教育"。换言之，比起培养传统的"顺从完成指示"的执行型人才，培养"以新想法开创未来"的革新型人才更为重要。

　　在如今这个"VUCA（Volatility 易变性 /Uncertainty 不确定性 /Complexity 复杂性 /Ambiguity 模糊性）时代"，不少企业都意识到了该问题。

　　可见，将教育理念转变为"思考力重视型"的必要性正日益凸显；而作为其第一步，则必须从根本上转换思路。

若根本性的思维方式依然如旧，则相当于在设计思考型的教育程序时，套用知识型的规范体系，其结果不只是效果减半，而是几乎完全徒劳无功。可即便如此，真正察觉到该问题的人却意外地少。

	知识型教育 ◄——►	思考型教育
人才	刻意培养（被动）	自主养成（能动）
指导者	知识量占优的人	引导别人思考的人
教育手段	灌输（Push）	引导（Pull）
优秀的指导者	擅长讲述	擅长聆听（擅长提问）
受众的态度	被动亦可	必须能动，否则无意义
学习方式	记忆	思考
训练素材	厚厚的资料	转换思路
（现场经验）		
机器取而代之的难度	容易	困难
提问	属于愚者的表现	属于一切的开端
评价标准	单一	多样
目的	全体平均提升	个体拔尖提升

【图表 28-1】知识型教育 vs 思考型教育

知识型教育与思考型教育方式的差异如图表 28-1 所示。

可见，思考与能动性息息相关，能动性可谓其"基本中的基本"，因此思考力唯有靠"能动"的自主方式来养成，而非依靠"被动"的刻意培养方式。

但这并不意味着抛弃一切外部教育手段，而是说，"开展教育"的一方必须铭记自己的职责是"辅助支持"。在图表28-1中，其他各项亦体现了该道理。

换言之，随着在"解决被分配的问题"方面占绝对优势的 AI 逐渐走进人们的工作和生活，人类的能动性越发显得重要。

HOW 颠覆传统知识型教育的常识

与"即便态度被动，亦能取得一定成果"的知识型教育相比，旨在强化思考力的思考型教育有着本质区别。因此二者在具体开展时，其相应的思维方式亦相反。所以说，在工作或教育现场导入思考型教育方式时，倘若思维方式依然守旧不变，则会妨碍导入效果。

如图表28-2（思考型教育与知识型教育的"形象图"）所示，二者的思维方式存在本质区别，因此其基本立场也有如下差异：

概括地说，利用"施教方"和"受教方"之间"知识差"的教育方式属于知识型教育，而"施教方"通过启发"受教方"的思路促使后者独立思考的教育方式属于思考型教育。

如果要将之前那种"重视知识和规则"的教育风格转变为"重视思考力"的教育风格，就需要颠覆已然根深蒂固的下列"常识"：

· 面向全员，统一实施相同的教育内容。

· 重要内容不选修，而是采取必修的方式。

· 用有限的定量指标测定效果。

· 不允许学员对学习内容"挑三拣四"。

鉴于此，便可推导出转型为思考型教育后的教育风格——不用全员统一、允许选修、无须用定量指标测定效果、允许学员对学习内容"挑三拣四"……

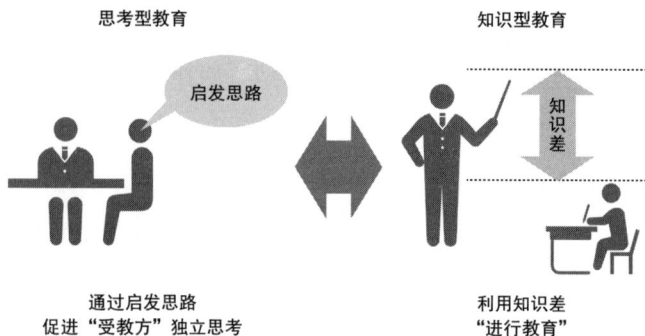

【图表28-2】思考型教育与知识型教育的"形象图"

最后再补充一点，"能动性"与思考力之间的关系可谓

"表里一体""不可分割"，而它们还会产生"自责之念"。

先看"被动态度"，其会生出"受害者意识"。换言之，如果一个人认为自己所处的环境和要解决的问题都是"别人强加的"，则在看待事物时，往往会"归咎于环境或他人"。这不仅会催化"受害者意识"，还会陷入思考停止的状态（因为自己无法掌控环境和他人）。

与之相对，"能动态度"往往伴随着"自责"，即主动自问"我能做点什么"，从而促使自己"自主能动思考"。

【理解程度确认问题】

下列描述中，请选出与"养成思考力"不符的项目（可多选）。

1. 对全员强制实施统一化教育

2. 施教方必须拥有占绝对优势的知识量

3. 制定一个能明确体现教育效果的指标，并想办法对它进行优化

4. 并非"从施教方至受教方"的单向灌输，而是采取"双向对话"的方式

29 打破常识

切勿因"遵循常识"而陷入思考停止的状态

WHAT "遵循常识"往往会导致思考停止

几十年前，日本流行一句话——"水和安全不要钱"。在当时，这可谓一种理所当然的常识。

可后来，随着矿泉水饮料的普及，"水不要钱"的常识被颠覆。同样，"安全不要钱"的常识也"很遗憾地"被推翻，家庭安保设备和网络安全系统之类的服务日益成为一片大市场。

从上述事例可知，人们眼中的"常识"其实十分脆弱，很可能会转眼间崩塌。

商业领域的"业内常识"亦是如此，诸如"该商品在〇月份是卖不出去的""比起关东地区，关西地区更△△"之类的所谓"行业内部常识"，有时也会在顷刻间被颠覆。

所谓常识，即普通人共有的（或者说应该共有的）知识、判断力以及辨别力。

思考是"独立用脑思维"的行为，而与之相反的行为模式之一便是"根据常识判断"。所谓"遵循常识"，即依据与他人相同的观点进行判断的行为。换言之，其包含"思考停止"的倾向。

人从孩童到成人的成长过程中，其知性方面的成长目标之一便是"懂得常识"。可一旦懂得了什么是常识，也就意味着增加了自身陷入思考停止状态的风险，从而成为激发新构想的阻碍，这着实有点讽刺。

尤其在变化激荡的环境下，往往需要舍弃"未来是过去延长线"之类的固化思维，作出审时度势的"非连续性变革"。此时，就必须"将常识归于白纸"，重新定义"新常识"。

在企业或组织中，面对上述情况，领导常常会呼吁"要打破常识""不要拘泥于既有概念"。不管是公司经营决策层对实际管理层，还是上司对下属，都会提出这种要求。可事实上，这样的话语几乎不会奏效。

换言之，没有人会因为被要求打破常识而真的做到打破常识，也没有人会因为被命令"不要拘泥于既有概念"而真的跳出既有概念。

因为人们难以自知"自己拘泥于常识"

究其原因，主要由于（在旁人看来）拘泥于常识或既有概念的人，往往毫不自知。换言之，唯有在跳出"常识的框架"以后，才能察觉自己原先拘泥于常识的状态。倘若依然"深陷其中"，则可谓"当局者迷"，自身无法察觉。

对旁人而言，通过一个现象便可知晓当事者是否拘泥于常识。这个现象是，当事者在听到"天马行空"的提议或点子时，如果即刻勃然大怒地驳斥道，"这也太违背常识了"，则证明其已然成了常识的"俘虏"。

因此，旁观者要想帮助当事者"打破常识"，就必须具体指出当事者的问题所在。倘若只寄希望于"不自知之人自知"，则一切都是徒劳。

试着打破"餐馆的常识"

下面以具体事例来说明。在日常生活中，关于"哪些收费，哪些免费"的问题，常常也是人们跳不出的"常识"和"既有概念"。

以去餐馆用餐为例，倘若突然被要求"打破与餐馆用餐相关的常识"，想必大多数人都会摸不着头脑。

此处应先归纳出"在餐馆用餐时的行为和状况明细"，

包括那些"稀松平常""理所当然"的事项，然后将它们以"哪些收费，哪些免费"的分类方法进行罗列。归根结底，"常识难以发现"的原因就在于它们实在太过"理所当然"，因此对它们的归纳和罗列就显得非常重要：

- 客人进店（免费）
- 客人被服务员引导至空位（免费）
- 客人就座（一般都免费）
- 服务员摆上餐具和餐巾（免费）
- 服务员提供水和湿毛巾（免费）
- 客人叫服务员（免费）
- 客人等待上菜（免费）
- 客人聊天（免费）
- 服务员端菜过来（免费）
- 服务员把菜放上桌（食物本身收费）
- 客人享用食物（用餐行为本身免费）
- 客人去厕所（免费）
- 客人结账（结账行为本身免费）
- 客人离店（免费）

由此可知，哪怕是与在餐馆用餐相关的一系列再平常不过的行为和情况，如果以"哪些收费，哪些免费"的分类主法进行罗列，也能列出这么多的"隐性常识"。而通过它们可得出的基本结论是"除食物本身外，其他都免费"。

所谓"打破常识"，便是要颠覆上面罗列的项目；而最先要打破的，则是在得知该目的后下意识的否定反应——这怎么可能？

比如，对"客人进店"的行为收费。对此，越是"具备常识"的人，恐怕越会举出各种"不可能做到"的理由。但只要仔细想一想便能发现，诸如"自助餐餐厅""〇〇元吃到饱"，其本质上就是"进店收费、食物免费"的模式。

纵观主题公园和动物园等公共场所，"入园收费，其余免费"的模式十分常见。鉴于此，对于在餐馆应用该模式的话题，至少是充分"值得探讨"的。

此外，"靠什么收钱"归根结底也只是为了让人便于理解的说法而已。若从纯粹的商业模式角度出发，大可做得"天马行空"，比如"我们店食物皆免费，但服务员的笑容收费"之类的商业模式从理论上看亦可行。

在颠覆了常识后，往往会有让人"相见恨晚""醍醐灌顶"的发现。就拿日本的饮料厂商来说，如果它们的高层在三四十年前拘泥于"水和安全不要钱"这个常识，就会在进军矿泉水市场时落后于人。

综上所述，比起"打破常识"，认真审视"何为常识"则要难得多。而要审视"何为常识"，则少不了"高维认知"

（后面会详述），即"客观审视拘泥于常识的自己"。

为此，就应该像上面分析餐馆用餐的例子一样，试着罗列在常识中"理所当然之事"。

此外，若能更进一步，以本书的第6个关键词"为什么"去分析已归纳并罗列出的常识，便能发现自己接下来该做什么。

【理解程度确认问题】

下列描述中，哪一项更有助于"打破常识"？

1. 提醒对方"不要拘泥于常识"。

2. 当事者大怒道"这也太违背常识了"的时候，立即问他（她）："你所认为的常识，真的是绝对的吗？"

【应用问题】

1. 请试着打破"商品价格早中晚不变"的常识。纵观下饭菜等副食品和午市套餐等，根据时段限时打折的情况并不少见。既然食物类商品能采用这种模式，其他类商品就不可以吗？此外，请思考这种模式能为消费者和供应商分别带来什么好处。

2. 以日常生活为对象，思考"除价格之外"的常识。请试着采用正文中介绍的归纳"稀松平常""理所当然"事项的方式，然后思考如何打破它们。比如，整理自己的旅游经验，罗列其相关过程的各事项，包括潜藏的"理所当然"的事项。

关键词

30 要抱有怀疑精神

不可盲信（包括本书内容）

WHAT 独立思考即"怀疑"

在具备"自知无知"意识后，还要学会"怀疑身边的一切"。所谓"独立思考"，即"怀疑"一切。

换言之，对一切事物都不可盲信，因为盲信意味着思考停止。不仅如此，盲信还等于"无条件地遵从他人"。既然对他人百分之百信任，就不需要再用自己的脑子去思考了。进一步来讲，假如盲信书本或网络上的信息，便"不需要自己的意见"。

◎不管对什么都不可立即相信

这世上，"不去怀疑"的人占压倒性多数。

"因为上司叫我来，所以我来参加这会议。"

"因为〇〇医生说这个对身体好，所以我常吃这个。"

"上次看到电视上有个专家说这个有危险，所以我就信了。"

上述说辞，我们经常能听到。

而且即便是一些"疑心重"的人，在面对陌生领域时，或者想"马上获得答案"时，多多少少也都会有"依靠权威专家"的想法。

而所谓独立思考，即摒弃上述"安逸想法"（哪怕不是发自内心的摒弃也没关系），秉持"自问自身观点"以及"不立即相信"的态度。

至于对什么不可盲信，其实上述例子也有所涉及。它们是：

· "权威专家"的言论

· 上司或前辈的言论

· 顾客的要求

· 业内常识

· 媒体报道

· "现场"的意见

WHY 唯命是从者难以深度思考

要想拥有自己的意见、提出自己的主张，背后需要相应的依据作支撑。而这些依据，便需要自己独立思考而得。反之，下面几项绝对算不上依据：

- 因为〇〇这么说了
- 因为大家都这么说
- 因为顾客这么说了
- 因为这是业内常识

当自己不知不觉地把上述理由视为依据时，应该进一步自问："（它们）凭什么就成了依据？"

换言之，所谓思考，即在提出某种结论或主张时，附有"自己的见解"。

◎笛卡尔提出的"我思故我在"

说到"怀疑"，就不得不提一位被誉为"思考巨人"的哲学家兼数学家。他就是生于法国、活跃于17世纪的勒内·笛卡尔（1596—1650）。

他的核心思想便是"怀疑"。他怀疑一切，最终认为"再无怀疑余地"的唯有"抱有怀疑的自己"。这也是其名言"我思故我在"的由来。

他的做法或许有些极端，但在深度思考方面，对于其"不轻易相信"的精神，再怎么强调亦不为过。

看到这里，有的读者也许会想"这么做会被人嫌弃""这样很难合群"。

这样的担忧完全没错。因为思考有时的确意味着"彻底否定周遭的一切"，这也是怀疑必然导致的结果。

所以说，要想做到独立思考，就要有所觉悟。倘若唯命是从，在失败时推诿责任，即便遭到反驳，也要辩解道"这又不是我的观点（主意）"，确实"无担一身轻"，但这样会让自己毫无进步。

换言之，独立思考的确要担负风险，而与他人持不同意见的话，有时也的确会导致自己被孤立。对于这些，要有预先认识。

可即便如此，独立思考也仍然利大于弊。

HOW 在商业活动中应抱有的怀疑

下面针对商业活动领域，列举一些"容易陷入盲信，实则应抱有怀疑"的事例。

例1 怀疑顾客需求

凭借普及"福特T型车"而奠定美国汽车产业基础的亨利·福特（Henry Ford）有一句名言："如果我问消费者想要什么，他们大概会说'要一匹更快的马'。"

在商业活动中，顾客需求无疑是一切的原点，但这并不意味着顾客能够将自己的需求表达到位。鉴于此，倘若对顾客的话全盘接受，则很难找到解决问题的最好办法。

同理，对于客户的说辞，诸如"贵公司报价过高，所以这次我们决定和别家合作""我们的业务特殊，所以贵公司的条件我们无法接受"等，其实都有极大的"怀疑余地"。

鉴于此，在与顾客或客户交流沟通的过程中，其实充满了"通过怀疑促进思考，进而提升工作附加价值"的机会。

例2　怀疑"现场的意见"

与搜查犯罪现场类似，在商业活动中，"从现场收集事实，听取现场相关人员的意见"亦是非常重要的环节。这是因为，与刑事案件一样，所有的商业活动也都"源自现场"，所以如果只是一味伏案思考，自然无法想出合理对策。

但要注意的是，倘若只是"全盘接受现场的意见"，则势必难以获得满意的结果。

因为现场的意见往往偏重于"既有状况"，即以"（竞争对手）目前畅销的产品""（实际）曾发生的问题（故障）"等为核心。而若放眼将来，便会发现，即便照搬照抄"（竞争对手）目前畅销的产品"，自己搞出来的翻版也可能"形似神不似"（这点在本书前文中也已提及）。

此外，对于"现场的意见"，还有一点值得怀疑，那就是陈述"现场意见"的主体常常只是现场的负责人，事实上那只是大量现场相关人员中的个别代表而已。

更棘手的是，作为"非现场人员"的局外人若提出相关质疑，很容易被一句"你了解现场吗"撑得无言以对。

由此可见，对于"现场的意见"的确要重视，但切勿盲目地全盘接受，否则会带来巨大的决策风险。

【理解程度确认问题】

在下列描述中，请选出"怀疑精神"所不提倡的选项。

1. 对于媒体信息，一直坚持查看多方来源，并进行筛选验证

2. 即便对本书内容，也不囫囵吞枣、全盘接受，而是在自我消化和理解后，再付诸实践

3. 找到绝对的老师或导师，一切都遵循其教诲

【应用问题】

请试着怀疑下列"理所当然"之事，思考它们"是否真的如此"，并且展开想象：假如它们不再"理所当然"，那么世界会有怎样的变化？

· 一天有 24 小时

· 要想增加销量，则价格压得越低越好

· 不守规矩的就是"坏人"

读者最后甚至可以试着怀疑本书所强调的"要独立思

Chapter 5

掌握基本思维方法

二元对立思维

顾问的工具箱

AI（人工智能）vs 地头力

一切始于「自知无知」

考，就要怀疑一切"的主张本身（比如思考"不去怀疑反而更幸福"的情况）

　　总之，不盲目地全盘接受一切，保留自己的意见，这便是对思考而言"基本中的基本"。

31 认知偏差

人易受蒙蔽

WHAT "思维癖性"的本质

在心理学界，"思维癖性"被称为"认知偏差"。

人在看待事物时，多少会有所偏差。换言之，人都会下意识地戴上"有色眼镜"，且毫不自觉；而由于这样的"有色眼镜"，事物在人们眼中的形象或模糊不清，或色调单一，或失真形变。

由此可见，上述形象与"事物原来的真相"相差甚远，且每个人的"有色眼镜"还有所不同。可即便如此，人们往往抱有错觉，误认为"该事物在所有人眼中皆如此"。这正是人们观察事物时面临的最大障碍，再加上观察事物是思考的前提，因此必须十分注意。

当然，"有色眼镜"也是"眼镜"，其也包含积极的一面。比如某个行业的专家老手或者在某个领域经验丰富的人，他们的"直观力"亦是一种主观的"眼镜"，其能在"混沌状态"中一矢中的地找出要点。这种情况下的"有色眼镜"往往被褒称为"见识力"。

问题在于，上述主观的"有色眼镜"既有优点又有缺点，因此可谓一把双刃剑。不仅如此，有时基于善意发挥"直观力"，最后却带来巨大的负面弊害。鉴于此，我们必须明确认识这种"认知偏差"的存在。

WHY 只想看自己喜欢的

认知偏差的相关内容范围很广，笔者在这里介绍与商业活动关系较密切的一些例子。下述例子介绍了认知偏差的类型以及产生的原因，相信对各位读者也会有所启示。

◎锚定效应

顾名思义，该概念取自船锚的形象。这种认知偏差是指"一旦某种印象在脑中固化，便会以此为思考的起点"。

以价格为例，对于价格是高还是低，人们的普遍心理是"以先前设定的既有价格为判断基准"。换言之，其锚定的具体对象往往是"之前的价格"或"竞品价格"等。

如果明白这一点，便可在交涉价格时对其加以利用。比如先给客户报一个较高的价格，然后再予以降价。如此一来，由于作为锚点的最初价格较高，客户就会觉得降价后的价格"特别低，特合算"。

此外，产品一旦定价完毕并开始销售，再改价就非常困难，因此在设定最初价格时要慎之又慎。

即便面对"姑且做了再说"的尝试型项目，在定价时也要深思熟虑，这不仅因为定价至关重要，还因为"定价导致的结果"较易预测。

比如，在打折促销时，倘若折扣力度"不上不下"，则消费者感知不明显，结果往往会导致商家再也无法提回原价，而不得不长期以该折扣价销售。反之，若在促销时打出"平时无法想象"的超低价，则消费者在心理上也能接受"此非常态"，于是在促销结束后，商家也较易提回原价。

当然，锚点并非只限于价格，各个方面、各种领域的"先例"都有可能成为受众脑中"先入为主"的锚点，而这样的锚定效应有弊有利。因此，在制定计划或采取对策时，应认识到它的意义，并将其考虑在内。

◎幸存者偏差

这种认知偏差是指"误以为'幸存者'多于'淘汰者'"。比如网上爆红的一众"功成名就"的企业家，他们基本上皆属于"幸存者",因此他们的发言和主张多少带有"幸存者偏差"的色彩。

而在个体层面亦是如此,诸如"梦想终会实现""努力必有回报"之类的"励志语句",其实也包含相当浓厚的"幸存者偏差"色彩。原因很简单——社会上的"意见领袖"几乎都是"成功人士",而有资格接受媒体访谈的人,也多为"出类拔萃者"。

不仅是商界,健康养生领域亦是如此。健康人士和长寿人士的秘诀不仅常常存在"幸存者偏差",而且还包含"混淆充分条件和必要条件"的情况(某个因素明明只是实现健康长寿的条件之一,却被宣传为"只要做到这一点,或者吃这种食物,就必定能健康长寿")。鉴于此,对于"成功体验的再现性(是否每个人照做都能取得同样结果)",必须予以充分审视。

◎确认偏差

在审视"成功论"时,还应考虑"确认偏差"。

这种认知偏差是指"眼中只有自己喜闻乐见或与自身价值观相符的事物和信息",即"自动屏蔽"不喜欢的事物和信息。

比如,成功者在回想过去的成功体验时,会只选择"利于自己"的片断(这种行为往往是下意识的),从而将偶然的成功视为必然的结果，或者将随机发生的各种事情归为"有目的性的计划"。

人在成功时会倾向于认为"此为必然"，而在失败时却倾向于认为"运气不好"。这也是每个人常有的"确认偏差"典型。

由此可见，在一帆风顺时，选择性地挑出必然因素；在遭遇挫折失败时，选择性地挑出偶然因素、运气因素，甚至在别人身上找原因，这些都是"确认偏差"使然。

HOW　认知偏差的"普遍化周期性重复"

纵观人类社会，上述认知偏差其实一直在各种情况下不断重复，所以说"太阳底下没有新鲜事"。

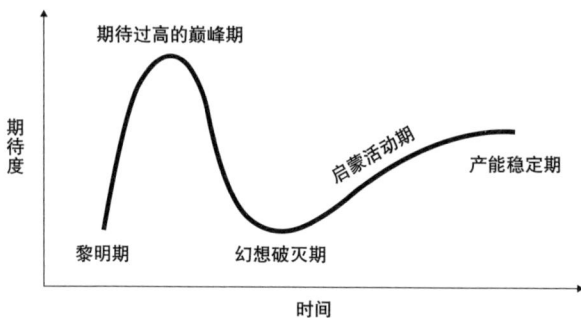

【图表 31-1】技术成熟度曲线图 [①]

——————————

① 出处：高德纳咨询公司官网。

比如，在面对新技术时，人们的期待和失望其实也源于认知偏差。针对各种技术的成熟度，高德纳（Gartner）咨询公司每年都会总结发布"技术成熟度曲线图"（图表31-1）。

由图表可知，新技术刚问世时，在人们眼中会显得格外"光鲜亮丽"，因此被赋予过高的期待，而诸如"○○新技术能解决所有问题"的论调也开始甚嚣尘上。但随着时间推移，"过高期望"逆转为"过度失望"，于是"○○新技术无用""○○新技术只会重蹈之前△△的覆辙"之类的意见开始涌现。

其实，"幻想破灭"之后的阶段才是"关键阶段"，即通过一步一个脚印的实践积累，让该新技术真正开始"接地气"的阶段。不管是IT技术还是多媒体技术，都需要经历这样的过程。

仔细一想便可知，上述认知偏差源于人类根本性的普遍心理，因此其不仅限于技术领域，包括政治家和艺人偶像等，亦会经历与上述"成熟度曲线"类似的认知过程。

具体来说，其（政治家或艺人偶像等）在出道时获得"过度赞誉"，之后卷入丑闻等事件而导致名声一落千丈，然后依靠自己的踏实努力，再一次站在聚光灯下，最后成为德高望重或德艺双馨之人。这个过程，与上述"技术成熟度曲线图"的轨迹可谓如出一辙。

【理解程度确认问题】

请分析下列描述分别属于"（A）锚定效应（B）幸存者偏差（C）确认偏差"中的哪一种？

·"努力必有回报！"

·"对方开始时漫天要价，后来答应10万日元成交，已经算便宜的了。"

·"我刚刚打算搬家，就感觉收到的房屋中介广告突然多了起来。"

【应用问题】

请试着思考自己身边曾发生或正在发生的"成熟度曲线"现象，并观察技术、时尚等领域的潮流、关键词和代表人物等，分析其所经历的"成熟度曲线"的轨迹，并试着预测其未来的走向。

关键词

32 高维认知

要想审视自身 必须站在高处

WHAT 能否客观自视？

前述的主观臆断和认知偏差可谓"思考大敌"，而其最大的问题在于，人们作为当事者，往往难以察觉自身存在主观臆断和认知偏差的问题（有时即便周围人予以指出，自己也不愿承认）。

那么，要如何解决该问题呢？

其关键就在于"高维认知"。

"高维认知"的英文叫"metacognition"，其前缀"meta-"源于希腊语，有"高维""超越"之意。

所谓"高维认知"，即"对认知的认知"，也就是"客观审视自我"的行为。具体来说，即客观认识及把握自身的思维和行为，以"站在高处"的方式，审视自己的所思所为，这也是启发思维的基础所在。

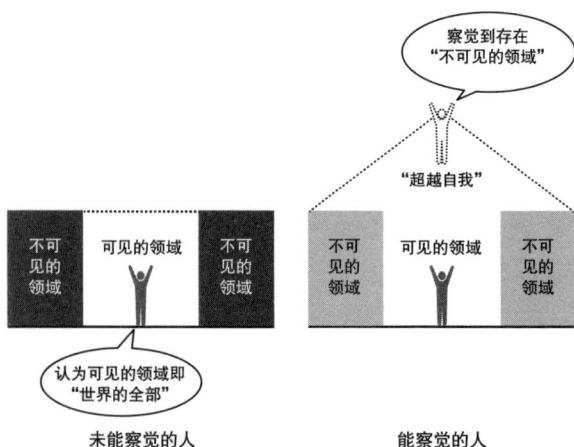

【图表 32-1】察觉的机理

换言之，拥有"高维认知"意味着摆脱了主观臆断和认知偏差的束缚。

如图表 32-1 所示，所谓"超越自我"，即像审视他人那样审视自我，是一种高维视角。而通过这种"超越自我"的方式，便能从高处观察自己，从而察觉到"自己不可见的领域"的确存在。这等于是一种促使"自我察觉"的机理。

WHY "自觉欠缺"是关键

在聚会结束或到站下车等情景中，即使旁人提醒"没有忘东西吧"，有时自己还是会忘拿或落下东西，这是因为当事者根本就没察觉到自己忘了拿东西。

同理，人们也不会因为旁人要求"说话请讲逻辑"就真的遵循逻辑，这是因为当事者无法客观察觉自身言辞的"非逻辑性"。

本书在论述主观臆断、认知偏差乃至打破常识时，都曾提及该问题。尤其在商业活动中，"是否能够具备高维认知"是划分"能干之人"和"不能干之人"的关键标准，这也体现了高维认知的重要性。

"能干之人"由于客观认识到自己的欠缺之处，因此能不断发现自己该做什么，从而持续成长进步。

与之相对，"不能干之人"因为不明白自己的欠缺之处，所以往往一直没有进步。

而且，若当面指出"不能干之人"的问题所在，其往往会辩解道："我明白是明白的，可就是……"而这样的辩解说辞，恰恰证明了其并不明白。

HOW 一扇"只能从里面开"的门

"高维认知"与"自我察觉"可谓同义，下面分析后者的意义。

首先，"自我察觉"的"察觉"是自动词，而非"使察觉"之类的使动词，因为主语是"自我"，状态也是"自动自觉"，因此与使动相矛盾。

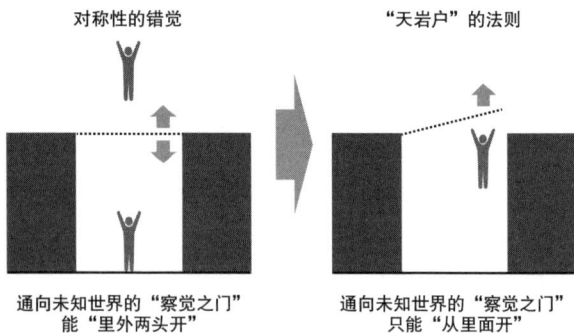

【图表 32-2】"察觉之门"是一扇"只能从里面开"的门

当然，周围人能创造某些契机，从而促使或引导当事者"自我察觉"。但要注意的是，"察觉之门"是一扇"只能从里面开"的门（如图表 32-2 所示），这正如天照大神的神话传说中所描述的"天岩户之门"一般。[译者注：该典故出自日本神话《古事记》：素盏呜尊去向姐姐天照大神（太阳女神）辞行。由于他的力量过于强大，搞得惊天动地，天照以为弟弟是来侵占她的领地的，于是做了万全的防御准备。素盏呜尊向姐姐百般解释，自己只是想在离开天界之前见她最后一面，天照不信。素盏呜尊因姐姐的误解而伤心，于是在高天原像孩子一般大肆胡闹。天照最终忍无可忍，只得逃到天岩户，紧闭大门，躲藏起来。照耀世界的光辉来自天照，她一躲藏起来，世界就变得一片漆黑，群魔出来乱舞，邪神肆意破坏。众神只好商议如何请回天照。他们先分别造出了八咫镜和八尺琼勾玉（这两样东西后来跟草剃剑一起被称为"三神器"），然后让长鸣鸟去天香山衔回真贤树枝，吊挂八咫镜和八尺琼勾玉，再让天手力男神躲在天岩户的大门旁，最后让天宇姬神手持神伞跳舞。天照听见外边的笑声，隔门问是怎么回事。天宇姬神对天照说，有比她更尊贵的神来了，大家在迎接。天照又气又惊，于是自己把门打开一条缝儿，想看看是谁来了，结果看见八咫镜里的自己，于是问道："这是谁？她难道比我还尊贵？"这时，躲在门旁的天手力男神趁机将她拉了出来。天照出来后，阳光普照，万物恢复了生机。]

对于已然察觉的人而言，看到未察觉的人，往往会"急得牙痒痒"，恨不得"使之察觉"。而对于未察觉的当事者而言，面对旁人的这种着急和督促，只会感到厌烦不已。二者的心态差异如图表 32-3 所示。

可见，二者的心态和立场存在典型差异。这样的"对立性"在实际职场中并不少见，比如上司与下属、下属与上司，乃至同级的同事之间，都会发生这样的"意识对立"。

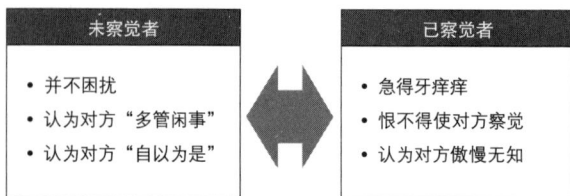

未察觉者	已察觉者
• 并不困扰	• 急得牙痒痒
• 认为对方"多管闲事"	• 恨不得使对方察觉
• 认为对方"自以为是"	• 认为对方傲慢无知

【图表 32-3】未察觉者 vs 已察觉者

该图表揭示了如何从"未察觉者"转变为"已察觉者"（即获得高维认知）的契机所在。由图可知，在"未察觉者"眼中，"已察觉者"是一群"莫名其妙、缺乏常识、出言不逊"之人。而我们在与他人交流的过程中，一旦产生类似感受，就要有所警觉，不要贸然否定对方，而应自问："搞不好是我自己有问题？""（对方）是否触及了我不可见的领域？"如此便能帮助激发"高维认知"。

总之，所谓"高维认知"，即"天照大神自己把门打开一条缝儿"的状态。只要有了这样的良好开头，接下来在各种环境因素的驱使下，"这扇门"在不知不觉中就会霎时间

"全开"。

【理解程度确认问题】

下列描述中，哪些属于"高维认知的益处"？

1.（A）增长知识

（B）明确"自己不知道什么"

2.（A）提高技能

（B）明白自己技能的"优劣之处"

【应用问题】

一个人会因为被要求抓住本质而真的抓住本质吗？为什么这很难做到？

请基于本关键词所述的"高维认知"，试着思考其原因。

提示：归根结底，说话者和听话者对于本质一词本身就存在认知差异。对说话者而言，此本质也许很重要，但听话者却未必能领会和理解。这恰恰也是造成上述问题的原因之一。

Chapter 5 一切始于"自知无知"

关键词 26 自知无知

唯有自觉无知，才会激起学习新事物和新知识的求知欲；而一旦有了求知欲，便能使思维保持活跃状态。

关键词 27 求知欲

求知欲是能动性思考的源泉。关键在于，哪怕是成人，也要保持孩子般的"Why 型"好奇心。

关键词 28 能动性

在学习知识时，哪怕态度被动，也能取得一定的成果。与之相对，要习得思考力，则必须具备能动性，否则会毫无收获。

关键词 29 打破常识

"遵循常识"往往会导致思考停止。而最先要打破的，则是下意识地对"新奇点子"等的否定反应。

关键词 30 要抱有怀疑

所谓独立思考，即"怀疑一切"。对一切都不可盲信，因为盲信意味着思考停止。

关键词 31 认知偏差

人在看待事物时，多少会有偏差。关键要认识到这种"思维癖性（认知偏差）"的存在。

关键词 32 高维认知

它是一种"超越自我"的高维视角，即像审视他人那样审视自我。这是一种促使"自我察觉"的机理。

后记

　　本书作为一众"思维关键词"的集合体，是否对各位读者有所帮助呢？

　　从另一方面讲，本书也可谓我迄今为止所著 10 多册与思考力相关的书籍的"摘要集"。

　　纵观本书内容，除拥有与我既有著作相关的前后一致性外，其主旨是——比起单纯介绍知识，更着重于提供激发读者思考的启示。这与我之前的风格立场似乎大相径庭。换言之，本书的中心思想可谓"让读者习得以思考为目的的基础知识"。从某种意义层面看，该中心思想可谓"自相矛盾"，因此本书也是我基于新方向的初次尝试。

　　鉴于此，我觉得本书既能对我的老读者起到"整理归纳之前所学"的作用，也能为我的新读者开辟一条学习思考力的新道路。

　　正如我在本书前言中所述，本书至多只是进入"思维世界"的"敲门砖"。若想一窥该世界，请您立刻迈入该世界的大门。

要想迈入思维世界，其实无须教材，无须学校，亦无须老师。只要常怀好奇心，敢于怀疑世间的所谓"常识"和"规则"，并思考："如果是自己会怎么做？"唯有每日如此反复实践，方能进入广阔的思维世界。

例如，"此时读到的网络报道""昨天上司或客户的要求（委托）""眼下承受的人际关系压力"……这些都是自己的思维素材。

我真切期望有更多的读者能够如此在日常生活中保持思维的活跃状态，从而体会到思维世界的"乐与苦"。

在本书的结尾，我要感谢从选题策划、编辑到成书过程中一直对我提供帮助的东洋经济新报社的藤安美奈子女士。从我 2007 年出版的处女作《锻炼地头力：费米推定应用法》，到后来的《类推思维：识破"结构"与"关联性"》《解决问题的悖论：无知管理》，我们可谓一路合作过来，且着手的都是如此充满挑战性的选题。

而对作为"思考力关键词合集"的本书，编辑发挥了重要影响；在我为之撰文期间，只要"笔耕一辍"（我总是如此），她就会给予支持，且支持程度更超从前。对此，我要再次表示深深的谢意！